总有这样的时刻，

我们开始重新审视自己，

重新对生活进行价值排序。

生死门口的察觉

25位
普通人的
生命觉醒

何恒清 著

SHENGSI MENKOU DE
CHAJUE

25 WEI PUTONGREN DE SHENGMING
JUEXING

漓江出版社
·桂林·

图书在版编目 (CIP) 数据

生死门口的察觉 : 25 位普通人的生命觉醒 / 何恒清著 . -- 桂林 : 漓江出版社 , 2022.2（2022.4 重印）
ISBN 978-7-5407-9181-0

Ⅰ . ①生… Ⅱ . ①何… Ⅲ . ①人生哲学 – 通俗读物
Ⅳ . ① B821-49

中国版本图书馆 CIP 数据核字（2021）第 256840 号

生死门口的察觉
——25 位普通人的生命觉醒

作　　者　何恒清

出 版 人　刘迪才
策划编辑　李　弘　何　伟
责任编辑　黄　圆
特约编辑　李亚璇
书籍设计　阳玳玮
责任校对　苏子新
责任监印　杨　东

出版发行　漓江出版社有限公司
社　　址　广西桂林市南环路 22 号
邮　　编　541002
发行电话　010-65699511　0773-2583322
传　　真　010-85891290　0773-2582200
邮购热线　0773-2582200
网　　址　www.lijiangbooks.com
微信公众号　lijiangpress

印　　制　北京中科印刷有限公司
开　　本　889 mm × 1230 mm　1/32
印　　张　8.25
字　　数　200 千字
版　　次　2022 年 2 月第 1 版
印　　次　2022 年 4 月第 2 次印刷
书　　号　ISBN 978-7-5407-9181-0
定　　价　45.00 元

自序

何恒清

当我即将完成这本书的时候，我停下来，很认真地思索这样一个问题：我为什么要写这样一本书？

多年前，我在网络上看到一段据说是苹果公司创始人乔布斯的临终遗言："我在商界达到了成功的顶峰，在别人眼里，我的生活是成功的缩影。然而，除了工作，我并没有什么乐趣。最后，财富只是我生活中习以为常的一个事实。此时此刻，躺在病床上，回忆着我的一生，我意识到，所有我引以为傲的赞誉和财富，在面对死亡时，都变得苍白而毫无意义。在黑暗中，我看着维持生命的机器发出的绿光，听到嗡嗡的机械声，我能感觉到死神的气息越来越近了。现在我知道，当我们积累了足够度过一生的财富时，我们应该追求其他与财富无关的事情，应该是其他更重要的事情。或许情侣关系，或许艺术，或许是年轻时的梦想……"我是如此地为这段话所触动，以至于我都不愿意去追查这段话的真伪。它到底是不是乔布斯的临终遗言，或许，于我而言，这已经不是很重要了。

不得不坦率地承认，很多年以来，在我生命中总是有这样一些时刻：在人海中四处张望，看到哪里都是方向，同时哪里好像又都不是方向；在车流中举目远眺，看到哪里都是归途，同时好像哪里又都不是归途。

在这个喧嚣的都市，我跟许多人一样，总是在匆匆赶路，总是在疲于奔命，以至于都来不及慢下脚步稍做思考：我要去哪里？

我们要的东西太多。要更新的衣物及电子产品，要更大的房子，要更快的车子，要赚更多的钱，要让孩子上名校，要爬上更高的职位，要过得比同学好比老乡好比周边的人好，要衣锦还乡荣归故里。我们追逐一切，时兴与潮流、风光与热闹、虚荣与浮华、功名与利禄、假的梦想与真的欲望，那些够得着的以及够不着的。

我们日夜兼程，却总是担心被落下。我们要的东西太多，有形的无形的，塞满我们不大的房子、紧绷的脑袋以及孤单的人生旅途，最终，我们却不知道自己真正想要的是什么。

我曾试图从书中寻找答案，我也曾试图从先哲那里寻找答案。尼采说：每一个不曾起舞的日子，都是对生命的辜负。叔本华说：生命是一团欲望，欲望不能满足便痛苦，满足了便无聊，人生就是在痛苦和无聊之间摇摆。梭罗在他那久负盛名的《瓦尔登湖》里写下：我们为什么如此急于成功？假如有个人落在其同伴的后面，或许是因为他听到了不同的鼓声——让他追随他听到的音乐而去吧，不管那是什么样的音乐，也不管那有多遥远。毛姆的《月亮与六便士》《刀锋》，书中主人公无论是思特里克兰德还是拉里，皆听从内心的呼唤，按照自己想要的生活方式去生活，特立独行，从来不在意这个世界怎么看，满地都是“六便士”，而他们眼中却只有“月亮”。

也许是因为我一直以来的迷茫，也许是因为我一直以来的追寻，也许是因为“乔布斯的临终遗言”，也许是因为我读到了以上种种，当圣·奥古斯丁的一句话出现在我的眼前，我仿佛看到了一扇轰然打开的大门：唯有面对死亡之时，一个人的自我才真正诞生。也许吧，以上种种，它们合力驱动着我。于是，我用了一年多的时间，踏上了一条不寻常的寻访之路，拜访了30多个曾经与死神过招的朋友，拜访了见惯生死的外科医生和肿瘤科护士，安静地聆听他们的遭逢或所见，最终完成了26篇访谈稿和10篇随笔“生死十记”。于是，便有了这本书。

我们都是迷路的孩子。让我们认真听听，那些遭受命运棒喝的人，述说他们的奋斗、执着、欲望、痛苦、懊悔、珍惜；让我们认真听听，那些从鬼门关走回来的人，苦痛过后、惊吓过后、恐惧过后、庆幸过后，证得的人生三昧。他们每个人的身上，或多或少，可能也都藏有我们的身影。

是为序。

2021年7月7日

目录

访谈·那些与死神擦肩而过的人们

随笔·生死十记

附录1

附录2

Chapter 1

第一辑

你真正
想要的
是什么？

你想要的，

是别人都有，

所以你也想要，

还是来自旁人的期待，

旁人让你想要?

生死十记 · I

你真正想要的是什么？

每一个人都在赶路，但不是每一个人都知道自己要去哪里。

每一个人都会死去，但不是每一个人都曾活过。

每一个人的手里都抓着很多东西，但不是每一个人都知道自己真正想要的是什么。

你要去哪里？你活过了吗？你真正想要的是什么？生命中需要这样一个时刻，让一切安静下来，问问自己。

你可以远离人群，远离尘世，远离杂音；你可以沐浴，更衣，焚香；你也可以把门关起来，四周都是墙；或者，你只需要简单地盘腿静坐，不管身处何方。只要你能够听见时针的嘀嗒声，只要你能够听见一根松针的飘落，只要你能够听见自己内心深处传来的声音。或者，只是有一天，到了那一天，你想问自己了：我真正想要的到底是什么？

不同时期，会有不同答案。比如：我想要一颗糖。我想要一支口红。我想要一顿饱饭。我想要一份工作。我想要一部车子。我想要一座大房子。诸如此类。这些是你想要的吗？也算是吧。可是，仅仅是这些吗？很显然，这些是不够的。很显然，这些不是深思后写下的答案。

一般来说，人总是要经历过生死考问以后，才能真正安静下来。真正安静下来一笔一画慎重写下的，那才是真正的答案。

我们终将死去。我们来时两手空空，走时也将两手空空。这漫长而又短暂的一生，你真正想要的是什么？还只是一部车子，还只是一座房子，还只是一份工作吗？不见得是了吧？

你想要的，是别人都有，所以你也想要，还是来自旁人的期待，旁人让你想要？这个，你一定要弄清楚。

有人说，我想要好的生活。可是，什么样的生活才是好的生活呢？在“北上广深”做社会精英，穿着西装打着领带早出晚归是好的生活，还是在大理做一个民宿小老板，拿着个搪瓷杯子大口喝茶、穿着大裤衩一觉睡到自然醒是好的生活？是每每夜幕降临灯红酒绿推杯换盏夜夜笙歌是好的生活，还是夕阳下山就如同倦鸟归林回到老婆孩子身边粗茶淡饭简简单单是好的生活？打够今天吃的鱼，就在海边晒太阳，还是打鱼、卖鱼，继续打鱼、继续卖鱼，攒足够的钱买一条船，再打鱼、卖鱼，再买一条船，直到攒够一辈子的钱（当然，谁也不知道什么时候什么程度才算够），再到海边晒太阳……究竟哪一种，才是好的生活？

有人说，我想要成功。可是，如何才算成功呢？是拥有越多越成功，还是那个发明了电灯照亮黑夜的叫成功？还是那个写下“人有悲欢离合，月有阴晴圆缺”，总是在夜半时分叩响无数游子心弦的叫成功？是离乡20年功成名就衣锦还乡的叫成功，还是那个一直守候在老父母床前端茶递水默默无闻的叫成功？

没有人可以定义你的人生——包括好的生活和成功，包括你想要的。你想要的，必须是来自你内心的呼唤；你想要的，必须是你强烈的渴求；你想要的，必须是你的宿命。

你想要的东西还有很多，不是吗？你还想要你喜欢的一切，你还想要一份真挚的感情，你还想要悠闲，你还想要自由，你还想要被认可，你还想要成就感，你还想要赞誉，你还想要梦想，不是吗？

医生伸出把脉的手。教师挥动教鞭指向黑板。乐师的指尖轻抚琴键。园丁侍弄院子里的花花草草。农民工在工地的高架上啃着馒头。小贩在路边向行人兜售商品。旅人望着天上浮动的云朵。少年离开家乡。老人回到故土。

你看看他们的眼睛。他们，想要的又是什么？

有人辞官归故里，有人星夜赶科场。

有人誓言此生自当击水三千尺建功立业慰平生，有人采菊东篱下悠然见南山。

有的人一辈子漫无目的地跟随人潮的方向挪动。有的人向往热闹热衷万人瞩目，有的人享受清冷一人独对夕阳。有的人只想牵着另一个人的手缓缓往下走，直到路的尽头。

你呢，你想要什么？

海边潮涨潮落，后浪推着前浪一波一波冲刷着岩石，日落的余晖染红了半边天随即又消失在云层后面，无数的螃蟹忙碌奔走。

屋后公园那棵树，叶子变黄变红，一片接着一片缓缓落下，

每一个人都在赶路，但不是每一个人都知道自己要去哪里。

随风翻飞铺满一地，有一两片偶尔落在你的肩上，你不为所动，若是落在地上蚂蚁的队伍之中，却引得它们一阵恐慌。

炊烟袅袅的小山村，暮归的牛羊不慌不忙地走过千年的石拱桥，踩着早上出发的脚印，回到各自的圈棚；那间老房子，雨落阶前的滴答声，少年时的你从来听不见，中年后，午夜醒来，你认为它影响了睡眠。雨滴在石阶留痕，任你把它当作天籁或嘈音；邻居家的大爷，每天都会出来晒太阳，眯着眼睛任身影被日光拉得或长或短。

你想要的又是什么？

以千千万万年计，于宇宙洪荒之中，我们不过沧海一粟，微如尘埃，我们所做的一切，最终也只不过是沙滩上建起的城堡，一个巨浪打来就会消失得无影无踪。可是，于万万千千个微小的一刹那，一双眼睛注视着另一双眼睛，一双手牵着另一双手，一个灵魂触动着另一个灵魂，我们彼此又拥有了一切。

每天床头的闹钟准时响起。每天早出晚归。每天重复前一天。每天在人海中张望。每天得到也失去。

问问自己，你真正想要的是什么？

是什么让你血脉偾张？是什么让你魂不守舍？是什么让你热泪盈眶？是什么让你奔跑不息？是什么让你在生命的最后一刻无怨无悔安详地闭上眼睛？是什么？

以前害怕死亡，是觉得在花花世界里就这样死去多么可惜，现在则是害怕失去陪伴孩子成长的机会。

——罗成远

当时间变得无比珍贵

访谈对象：

罗成远（化名），男，20 世纪 70 年代出生，曾任多家房地产企业高管。

访谈时间：

2019 年 1 月 9 日

访谈故事：

戴着头盔，骑着摩托，呼啸而过穿行在原野，甚至远至青海、西藏等高原高寒地带驰骋——这样一个骑行者的形象，很难和眼前这位外表文静、略显消瘦、声音沙哑（服药副作用）的中年男子联系在一起。可他们就是同一人。在经历生死之后的一人两面。

罗成远是一个在房地产行业摸爬滚打了 20 多年的房企高管。过去的 20 多年，正是中国房地产蓬勃发展、高歌猛进的 20 多年。随着城市的迅速扩张，随着一栋栋高楼的拔地而起，随着房价的节节攀高，房企高管的薪酬、奖金自然也是水涨船高。在很多人的眼里，房企高管都是鲜衣怒马、志得意满的。然而不为外人所知的是，在“高周转”下，这个行业的工作节奏、工作强度、工作时长，也绝非一般行业可比。每天开会到深夜甚至凌晨，周末在工地、售楼部加班基本上是常态。那一年比一年高的销售任务，那催命式的工程进度，那一个个 KPI 考核指标，如一只只无形的手，如一根根悬在空中的鞭子，驱赶着房企管理人员拼命向前奔跑，如同一个个停不下来的陀螺。那时，罗成远也是其中的一个陀螺，大部分的时间和精力都放在职场的拼搏上；那时，事业的成功与否，在罗成远的心中有着相当重要的位置。

直到一场突如其来的大病，改变了这一切。

2015 年 5 月的一天，在几乎毫无征兆的情况下，罗成远的肝脏肿瘤破裂。幸运的是，他被及时送入医院抢救。经过一场惊心动魄的手术，罗成远最后活了过来。

逃过这一劫之后，罗成远终于停了下来。他把更多的时间和精力放在了阅读和摩旅（摩托车旅行）上——这是两件他原来就非常喜欢但之前老抽不出空去做的事情。

罗成远说，他现在每周都会坚持读一本书，社科、自然、军事、文学艺术……什么类型的图书都读。书中可得静气，书中可得从容，书中可得信心，这正是经历大病之后他所需要的。

身体机能恢复以后，罗成远购买了两辆摩托车，经常一个人骑行上路。那是他一个人的旅途，跟之前截然不同的旅途。在这一条路上，无须担心后面有人追赶，也无须急着赶超前面的人。

2019 年 7 月，罗成远独自骑行了 7000 多公里，自广西南宁一路向西，经云南丽江、梅里雪山至西藏拉萨，然后过青海，穿甘肃敦煌、张掖等地，最后入四川、返南宁。一路上，罗成远翻山越岭，曾攀爬上海拔 5300 米的念青唐古拉山口呼吸稀薄的空气，曾跋涉茫茫沙漠独自观日出日落，曾站在金沙江、澜沧江、怒江三江并流的滇西北高地感受浊浪滔天、惊涛拍岸。

罗成远雄心勃勃，在不远的将来，他计划绕着中国骑行一圈。罗成远说，未来的日子，希望能骑更远的路，看更多的风景，遇见更多的人。

当时间变得无比珍贵之后，远方令他格外渴望。

访谈面对面

何恒清（以下简称“何”）：**手术之后，躺在病床上，想得最多的是什么，你又是如何度过那段艰难时光的？**

罗成远（以下简称“罗”）：切了大半个肝后，当时躺在病床上，我想得较多的是，怎么才能从打击中走出来，重新给生活找一个目标。那段艰难的日子，一开始，我并没有找人倾诉，而是选择去看医生，医生说心里有些难过是正常的，必要时可以服用一些缓解焦虑的药物。

许多人得了大病后不会告诉朋友，怕别人知道。而我选择了公开，我把自己的病情发在微信朋友圈，发到微博上，这样做的同时，我也把压力释放了出去。

何：**经历过这次大病后，你有没有想明白一些事情？有没有一些比较大的改变？**

罗：猛然的豁然开朗是没有的，是在慢慢调整、修正自己。肯定是有所改变的：时间的分配、物质的追求等。此时，物质生活变得不再重要，名利场变得不再重要，奢侈品变得不再重要。我经常跟朋友讲，人的一生最焦虑、想问题想得最多、最容易胡思乱想的时候，应该就是被推进核磁共振检查舱里待着的那20分钟，那份煎熬、那份忐忑、那份惶恐，没有经历过的人是完全想象不出来的。

何：**你过往生活里有哪些遗憾？**

罗：最大的遗憾是没有及早发现父亲的高血压问题，没有加以重视。如果早点发现、早点重视，父亲现在或许不至于瘫痪在床，或许还能好好地陪伴家人，好好地跟他的孙子出门玩耍。

何：**现在你觉得一生中最美好的时光都有哪些？**

罗：大病之后，家人的陪伴于我显得尤为重要。最美好的时光，那就是和家人一起出游。旅途的时光总是美好的。手术后，我大约休养了大半年，春节期间我们一家人去了一趟台湾。在旅途中，我和儿子有好几次深入的交流，甚至谈及生死，一说到这些，那时还只有5岁的儿子便号啕大哭。如今每每想起，不胜唏嘘。

何：**你之前恨过什么人或事吗？如今释怀了吗？**

罗：在过往的工作生活中难免讨厌过一些人，憎恨过一些人，不过，一场大病之后，很多事情我都选择放下，选择淡忘。现在这些都忘了，忘得干干净净。

何：**有段时间，流行制作自己的生命台历，即按人均寿命计算，每一年一格，看看自己的人生还剩多少格，以此警醒自己珍惜生命，珍惜人生。如果让你来画自己的生命台历，画了之后，你有什么目标和愿望想要实现？**

罗：想看到孩子成长，看到他结婚，生儿育女，有自己的家。想看看他的爱人、他的宝宝是什么样子。当他长大追求女孩时，或许，我还可以帮他出出主意。

何：**你害怕死亡吗？**

罗：以前、现在都怕。以前害怕死亡，是觉得在花花世界里就这样死去多么可惜，现在则是害怕失去陪伴孩子成长的机会。

何：**如果以过来人的身份给遭受疾病困扰的人一些忠告，你想对他们说些什么？**

罗：遇到重大疾病时，科学面对，相信医生。我相信医生，医生犯错误的概率肯定低于我们自己。我相信随着科学的发展、医学的进步，会有越来越好的治疗方案。我当时躺在病床上，准备手术，医生对着一个肝脏模型对我进行术前告知，没等他说完，我就跟他说："您就告诉我该在哪儿签字就行，不用告诉我其他的，我相信您。"

我现在过两个生日，一个是母亲生下我那天的生日，另一个是我手术那天的生日。一个是新生，一个是重生。两者的意义于我同样重要。

何：**如果要给家人留一句话，你想对他们说些什么？**

罗：没想过这个问题，我有信心面对未来。还早呢。

访谈手记：

整个访谈过程，罗成远一直都比较平静，娓娓而谈，只有在被问到生命余下的时光还有什么愿望要实现时，谈及孩子的未来，他脸上才布满微笑，看着窗外的两眼闪闪发光，充满希望与期待。我想，这个问题有可能触碰到了他内心最柔软的部位。他也许正穿越时空，神游到了另外一个地方，看到了孩子长大成人的样子。此时，幸福犹如暖阳洒在他的脸上。

一场大病过后，罗成远找到了自己想要的人生。

一场大病过后，罗成远最终证悟了时间，确认了自己的时间究竟该放在哪里。

我们的时间放在哪里，我们的生活就在哪里。

我们的时间放在哪里，我们的人生就在哪里。

只是，我们中的很多人，平时陷于种种琐碎的事务之中，全然不觉时间的悄然流逝。

我的一位前辈同事，还有不到一个月就要退休了，有一天，我看到他在办公室收拾打包，不知道是看到哪一件老物件触景生情，他突然停了下来，一个人呆呆地坐在椅子上喃喃自语：这几十年的时间过去了，我都做了些什么呢？

这样自问的，当然远不止这位前辈。20 世纪 50 年代，日本著名导演黑泽明拍出了电影《生之欲》。电影讲述了市政厅市民科科长渡边勘治寻找人生意义的故事。这位工作了近 30 年从不请假的公务员模范代表，在查出胃癌知道自己不久将离开人世之后，突然意识到在长达 30 年的漫长时光里，自己只知道在公文上盖章，好像从未活过的木乃伊一样。恍然醒悟过来的渡边勘治，在经过短暂的迷茫和放纵之后，找到了自己人生的目标，他突破重重困难，为市民在一处污水横流的臭水沟上建起一座美丽的公园。电影的最后，在一个大雪纷飞的晚上，渡边勘治坐在新建公园内的椅子上安详地闭上了眼睛。

或许，每一个人都该问问自己：我们每天都在匆匆往前奔跑，每天忙碌的都是自己喜欢的吗？忙碌得来的是自己想要的吗？

如果答案是否定的，那么我们是否真的仍然无动于衷，任时光之沙从指尖滑落？我们是否要等到生命逼近终点，当时间变得无比珍贵之后，才会尝试做出一些改变？

假如人生重新来过，恐怕大致还是得这样，没得选择。

——周光华

尘世中奔忙的人啊

访谈对象：

周光华（化名），男，1955年出生，某电梯工程公司负责人。

访谈时间：

2019年7月4日

访谈故事：

一辆救护车呼啸着开进小区，而闲坐在小区中心花园的周光华好似一位看热闹的路人甲，浑然不知这辆救护车就是来接自己的。这是2015年12月27日上午发生在周光华身上的一个颇具戏剧性的场景。很多时候，我们以为自己是一名旁观者，实际上，我们正是那剧中的主角。

就在此前一天的晚上，周光华洗澡时突然喘不上气，过了10来分钟才缓过来。当时，他并没有很在意。第二天早上，周光华从三楼走到一楼，走了一会儿就走不动了，这时他才发觉不对劲，于是赶紧联系一位老同学来接自己去医院。

挂掉电话后，周光华便在小区中心花园坐等同学。只是他没想到的是，等来的竟然是一辆救护车。原来，接到电话后，略有医学常识的老同学感觉情况不妙，直接帮周光华叫了辆救护车。

无知——这是周光华后来对自己的定义，因为他缺乏对自己身体的了解和对医学常识的了解。“直到救护车开进小区，即将要拉我去医院的那一刻，我还不知道自己的病情有多么凶险。”周光华如是说。

到了广西壮族自治区人民医院，直接走绿色通道。在吞下一把五颜六色的药之后，周光华被送入手术室。接下来的六七个小时，周光华处于时而清醒时而昏迷的状态，迷迷糊糊中，时而听见有人在说，已经放了多少多少个支架了；时而听见有人在说，掉了掉了（也不知是心率还是什么指标掉了），紧接着便是一阵捶胸、电击。在这一阵阵捶胸、电击当中，周光华懵懵懂懂地纳闷着：这些医生为什么要捶我啊？为什么要电击我啊？半清醒半迷糊中，他努力地跟医生说：“不要电我了，我已经醒了。”可是，却没人听到他的话，没人理会他。恍惚间，又看见一个拿着皮球一样器具（呼吸气囊）的医生向他走过来。很快，他就什么都不知道了，也不知道是晕过去了，还是睡过去了。

直到17：00左右，周光华才真正清醒过来。这个时候，他的鼻子、嘴巴都已插上管子，手、脚也都扎着管子。听了医生、家人的告知，周光华终于明白：自己在手术室刚刚经历了一场与死神的赛跑，在鬼门关走了一遭。

60岁了，之前周光华一直都弄不清楚自己心脏的确切位置到底在哪里。这次装了心电监护仪后，躺在病床上，他终于准确无误地知道了心脏的确切位置。怦，怦，怦……他从来没有如此认真，如此安静地感知自己的一次次心跳。

周光华是一名电梯代理商。公司总部每年都会给他派发任务指标，如果当年任务完成得不好，第二年就没有机会代理了。为此，周光华工作起来是非常拼的，很多年来都没有周末的概念，有时忙起来，大年三十还在施工现场，忙通宵那也是常有的事。甚至有一次，因电梯调校问题，他待在电梯井附近三天三夜不睡觉。终于在调校好电梯的那一刻，整个人一下就瘫软在地上，昏睡过去。

一周七天，周光华有三四天在外面跟客户喝酒。这样的生活，持续了10多年。不难想象，这10多年，在每一个华灯初上的夜晚，周光华不是在酒局中，就是在奔赴酒局的路上。没人能说得清，在这推杯换盏中有多少次是兴致盎然满怀期待，又有多少次是欲罢不能疲于应付。一张张订单，一笔笔收入，让这一切周而复始。

直到一场大病，才让这一切告一段落。

访谈面对面

何恒清（以下简称“何”）：**在鬼门关走了一遭以后，你想明白了一些什么事情？**

周光华（以下简称“周”）：不管做什么事，都不能透支生命。前些年应酬，喝了一场喝二场，喝了二场赶三场。经常是喝了第一场又去唱歌（说唱歌其实也是喝酒，只是由喝白酒改为喝红酒），唱歌后再去吃夜宵（说吃夜宵其实也是喝酒，只是由喝红酒改为喝啤酒）。大病后，我就退出了公司的管理层，仅仅保留股东的身份，操心、应酬、喝酒的事情都不管了。我现在过着非常佛系的生活，按时吃药、坚持锻炼、定期体检，时不时和老朋友们喝喝茶、聊聊天。

何：**现在看来你康复得很好，有什么经验可以分享吗？**

周：首先，坚持锻炼非常重要。发病前两年，我走不到 10 分钟路就气喘吁吁的。现在坚持锻炼一段时间后，走很长时间都没问题，气色也好了许多。此外，就是要保持良好的心态，不要一天到晚老想着自己是个病人。我有一个同学，大病一场过后整天唉声叹气，那是肯定不行的。

何：**到目前为止，你做过最值得骄傲、最引以为豪的事情是什么？**

周：广西最高大楼的电梯是我和我的伙伴们安装的，南宁市早些年最繁华的一条路——朝阳路，整条路的高楼电梯也大都是我和我的伙伴们安装的。每当我走过这些地方，看到这些我曾经参与建设的“作品”，内心总会有一种自豪感油然而生。

何：**假如人生可以重新来过，你打算怎么过？**

周：假如人生重新来过，恐怕大致还是得这样，没得选择。社会风气就是这样，为了生活，要做工程，要赚钱，就要应酬。做工程，特别是前些年，不喝酒，甲方领导是不认可的。甲方领导不认可，那就没有工程做。

只不过，假如真的可以重新来过，酒肯定会少喝一点，不是很必要的应酬就尽量不去了。我们这代人（20 世纪 50 年代出生），没读过多少书，文化水平相对较低，可以选择的门路并不多，只能把眼前能够抓住的机会牢牢抓住。

何：**接下来的生活，你有什么目标，有什么愿望要实现的？**

周：人算不如天算。在我发病前，本来计划过两天带孩子去外地玩的，没想到一场大病被送进医院，一切都改变了。

何：**如果要对家人讲一句话，你想对他们说什么？**

周：不要学我，把身体搞到这么糟糕才重视身体健康！要留多一些时间给自己，给家人。

访谈手记：

周光华很坦率，现实很无奈。也许正如他所说，很多事情，即使真的可以从头再来，我们也不一定能够脱离之前的生活轨道——为了生活，为了我们所谓的“生活”。

在这尘世中讨生活，处处是“甲方”。我们的机会是甲方给的，我们的钱是甲方付的，我们的命运掌握在甲方手里。很多时候，我们身不由己。每一个人都有他的“甲方”。不管你在什么行业，从事什么工作；不管你是一个公司老总，还是一个普通员工。

这多少令人有些沮丧。

不过，假如真的可以从头再来，我想，在工作与休息、金钱与健康、拼搏与滋养、成功与平凡、外在的风光与内心的安宁之间，我们应该可以更好地平衡与取舍。在不断获取的路上，有时，我们需要轻声问一下自己：够了吗？

掌控我们命运的，除了甲方，还有我们心灵深处某个角落传来的声音。

不久前，我看过这样一段对话。

有人问一位高僧：关于人性，最让您感到惊讶的是什么？高僧说：人哪，为了赚钱，他牺牲健康。为了修复身体，他牺牲钱财。然后，因担心未来，他无法享受现在。就这样，他无法活在当下。活着时，他忘了生命是短暂的。临死时，他才发现未曾好好地活过。

尘世中奔忙的人们啊，在这番对话中，或多或少，都能找到自己的身影。

现在如果给我一个健康的身体，一个知心爱人，一双儿女，哪怕让我做一个农妇，我也非常乐意。

——余丽诗

无常下的看见

访谈对象：

余丽诗（化名），女，20世纪60年代出生。作家、画家。

访谈时间：

2019年9月4日

访谈故事：

这本书的大部分访谈，是在我确认受访者大病痊愈或者大致脱离了死亡的阴影笼罩之后才进行的。这样做，一方面是因为只有受访者内心的惶恐渐渐得以平复之后，他们才能云淡风轻地回望之前的苦痛与挣扎，另一方面则是出于对受访者的尊重。而余丽诗是唯一当她还在住院治疗的时候，我就径自走进了她的病房。不管当初是何缘由，时至今日，我都为此感到歉疚和懊恼。

余丽诗住院的地方是一家现代化的大医院，只是，肿瘤内科的病房位于一栋颇为老旧的房屋。住在病房里的大都是等待化疗或放疗的病人。记得当时一路走去，要经过一长排密集的病房，望进那一间间病房门里，可以看到神色各异的脸庞和黯淡中透着挣扎的目光。在往后的很长一段时间里，这些目光在我的脑海中反反复复地浮现。

进入病房，经过短暂寒暄之后，余丽诗就指着病床前的几个大花篮向我介绍道："你看，这个花篮是W市文联送的，那个花篮是H大学校友送的……"接着，余丽诗说起了W市文联、H大学校友会为她发起募捐的事情，说有了他们的帮助，她才得以顺利入院治疗。

听到这些，我竟愣住了，一时接不住话。这是出乎我意料的。余丽诗不是一位专业的作家、画家吗？据我所知，2013年，W市作协和W市图书馆联合为她举办了百幅国画展及励志演讲个人专场；2014年，H大学的开学典礼上，她的画展及个人演讲也是重头戏。一位作家、画家，怎么会陷入如此困境呢？

其实，早些年余丽诗的日子过得还算比较滋润。在这座繁华的都市里，曾有过两套房子，也曾请过保姆。日子虽谈不上大富大贵，却怎么也不至于窘迫。

只是，生活中的无常飘忽不定，厄运有时会倏然而至，且接二连三，把毫无防备的人一下抛入生命的谷底。2014年，余丽诗的独生子患了非常严重的疾病，为了给儿子治病，余丽诗花光了存款，卖掉了房子，还借了不少外债。遗憾的是，最后还是没能留住儿子，20多岁，年纪轻轻就走了。那段时间，余丽诗经常在半夜惊醒后号啕大哭。一半因为儿子，一半因为负债。在儿子生病之前，为了弥补当年高考失利的遗憾，余丽诗曾多次脱产自费参加各种研修班，有一次甚至为此辞掉了稳定的工作，一次次的折腾几乎花光了她多年的积蓄。

雪上加霜的是，2017年年底，余丽诗体检查出乳腺癌，医生建议切除整个右乳以及附近腋窝的淋巴结。手术告知书里有这么一句话：手术有可能伤及神经导致右上肢瘫痪。因为想到自己是靠写作和绘画吃饭的，而不管是写作还是绘画都离不开右手，同时考虑到不菲的手术费用，余丽诗没有听取医生的建议，最终选择了保守治疗。

没想到，仅仅过了半年，肿瘤又长了出来。此时，因为手头拮据，余丽诗竟无力再次入院治疗，只是时不时拿艾条灸一灸。有时伤口破了，血流出来，她反而天真地期待着奇迹：说不定肿瘤也像脓疮，伤口破了，药物就可以直达病灶，也许很快就好了。

病情远没有余丽诗想象的那么简单。拖到后面，伤口大量出血，余丽诗这才慌了神。幸运的是，在各方面的合力支持下，余丽诗终于能够安心地躺在医院的病床上治疗。于是，这才有了文章开头的那一幕。

需要特别说明的是，因种种原因，余丽诗和儿子之前都没有办理过医保，这次入院后，余丽诗才在各方帮助下补办了医保。

人生总有这样的时刻，就像被咬了一口的果子，努力愈合。

访谈面对面

何恒清（以下简称“何”）：**身患疾病以后，您现在过的是一种什么样的生活？**

余丽诗（以下简称“余”）：现在的生活，没有半点质量可言，身体又痛又痒，生不如死，每天晚上需服用安眠药才能勉强入睡。

何：**是什么力量一直在支撑着您？**

余：这一次患病住院，得到了很多朋友的帮助，包括毕业后几十年从未联系过的中学同学，包括一些素昧平生的好心人。昨天，我老家的哥哥还特意打来电话鼓励我。亲人朋友都希望我好好地活着，就算是为了他们，我也不能轻言放弃。

何：**您认为此次患病跟什么因素有关？**

余：我可能是陷入失去儿子的悲伤中走不出来。儿子还在的时候，整个世界都是亮堂的，儿子走了之后，整个世界都是灰暗的。我和朋友们的来往渐渐少了，原来高朋满座、欢声笑语的家，一下变得空空荡荡、冷冷清清。

何：**当感觉到死神的威胁时，您害怕吗？**

余：刚查出肿瘤时，我满脸泪水，悲伤、恐惧，想着还有很多愿望没能实现，就要跟这个世界告别了，非常不舍，不甘心。待到病情进一步恶化，深受病魔折磨，痛苦不堪，生不如死，又对死亡有一种幻想，幻想着另一个世界、另一个空间、另一个维度，那里也许会更加美好呢。幻想在呼吸停止的那一刻，灵魂飘走，可以停留在任何一个地方，美好的地方。

何：**您是一位作家，也是一位画家，在您拥有的身份中，您最喜欢哪一种？**

余：要说喜欢，我这一生，最喜欢的角色只有一个，那就是做一个母亲。

何：**到目前为止，您做过最值得骄傲、最引以为豪的事情是什么？**

余：早些年，我曾是一名签约作家，也出版过一些书。后来，因为一些不足为外人道的原因，年过半百，我放下了钢笔，拿起了画笔，从零开始发奋学画。或许是为了证明自己，那时我的体内好像总是憋着一口气，我彻夜地画疯狂地画，在不长的时间里画了大约500幅画，画到手起茧，画到手抽筋，画到身体透支。曾经有那么一些日子，看到毕加索的画、凡•高的画，我心里暗暗发愿：我要超越他们，让全世界都知道我的名字。

而现在，你要问我最大的骄傲是什么，我认为并不是出了多少本书，画了多少幅画，得过多少奖杯，获得多少荣誉，挂了多少头衔。现在看来，这些都没有多大意思。我最常想起的是我儿子的出生。记得当年我抱着他，轻轻哼着歌，哼着，哼着，直到他睡熟。那一刻，我觉得我是这个世界上最幸福、最骄傲的人。

何：**回忆一生中最美好的时光，都有哪些？**

余：最美好的时光，是那些一去永不回的时光。

何：**您这辈子有哪些遗憾？**

余：高中时我写作文比较好，同学们都叫我“作家”，那时我很得意。没想到高考时，我患上了肺炎，影响了考试，落榜了。对此，我一直耿耿于怀，后来就一直走在求学——或者更准确一点说是“求文凭”的道路上。手头稍微宽裕一些就去外地求学，甚至辞职去上课。去武汉，去北京，基本上都是脱产上学，付出了不少代价。我钻进了牛角尖，一心想通过拿更多的文凭来弥补当年高考失利的遗憾。

现在想来，人生应该有梦想，人生应该有追求，但是，凡事都不能太用力，不能太沽名钓誉，不能太感情用事。精神的追求和物质的需求，是不能割裂断层的。一味地追求精神而忽略了物质，一旦遭遇大病大难，根本无力应付。

现在想想，就算现在给我一个我曾经最在乎的博士文凭，那又能怎样？

何：**经历了生死之后，您有什么特别的感悟吗？**

余：现在如果给我一个健康的身体，一个知心爱人，一双儿女，哪怕让我做一个农妇，我也非常乐意。

世上的人，大多身在福中不知福，只有失去了，才知可贵。可一旦失去了，就一切都不可挽回了。

何：生命余下的时光，您有什么目标或者说愿望要实现吗？

余：想做真正的慈善。我现在得到了社会那么多无私的捐助，但是心里没有一点欣喜，反而感到非常有压力。之前我只知父母之爱、恋人之爱、同窗之爱，不知人间还有大爱。这次重病之下陷入困境，看到那么多非亲非故、没有血缘关系的人向我施以援手，在感动之余也真切地感受到人间有大爱。

这段时间，每当夜深人静，我经常会思考一些之前在顺境中从来不会思考的问题，时常扪心自问：自己是否对这个社会做出过什么贡献，是否传播过正能量？回想多年前自己出版的一些书，为了迎合市场，也曾写过一些不甚健康的、不适宜青少年阅读的内容，如今想起，羞愧不已，如果有机会再版，我一定会把那些不健康的文字、情节统统删掉。

访谈手记：

接踵而至的生命中的无常，让余丽诗猛然看到了许多之前看不到的，那些接近生活本质的东西。

经历了一个世纪的风云，经过了人生潮头的起起落落，杨绛先生在文章里写下了这样一句话：我们曾如此渴望命运的波澜，到最后才发现，人生妙曼的风景，竟是内心的淡定与从容；我们曾如此期盼外界的认可，到最后才知道，世界是自己的，与他人毫无关系。

世界是自己的，与他人毫无关系。生活是自己的，与他人毫无关系。只是，多少人，一辈子疲惫不堪，只是为了登上舞台的中央，为了站在聚光灯下，为了听到掌声响起，为了获得外界的认可。

以前乘坐飞机，遇到大的气流，飞机一颠簸，就会恐惧。经历过这番磨难后，现在乘坐飞机遇到再大的气流、再大的颠簸，都能坦然面对了。

——邹云升

我们总要在亲历苦难后才能大彻大悟

访谈对象：

邹云升（化名），男，20 世纪 50 年代出生，曾任多家大型房地产开发企业副总裁。

访谈时间：

2019 年 5 月 28 日（第一次）

2019 年 6 月 13 日（第二次）

访谈故事：

驾车前往邹云升的办公室，一路上不时看到他们公司开发的楼盘。在这座城市繁华或者即将繁华的区域，他们公司开发的地产项目随处可见。在这座城市的房地产界，甚至在整个省的房地产界，邹云升都是一位教父级的人物。年轻时，邹云升就在被誉为“中国地产行业黄埔军校”的万科地产几经历练。令邹云升至今引以为豪的是，当年为了争取他加入团队，宁高宁（知名企业家，时任华润集团董事长）和王石（知名企业家，时任万科集团董事长）都曾向他抛出过“橄榄枝”。一名职业经理人，能同时得到中国两位顶级企业家的认可，这不容易。

经过好几次预约，我终于坐在了邹云升的办公室里。大约一个小时之后，刚结束了一个会议的邹云升一面快步跨入办公室一面对我说着“抱歉”，同时还在应答着跟在后面的秘书关于第二天行程安排的问询。

“一觉醒来，已是 6 天过后，躺在 ICU 病床上，我的全身上下插满了各种管子，气管、引流管、输液管、血透管、尿管、胃管……”一打开话匣子，邹云升瞬间从一个纵横地产界的总裁形象切换成 9 年前那个受难者的形象。时隔 9 年，谈起那次在鬼门关走一遭的经历，邹云升仍有一种抑制不住的激动。

2010 年 11 月初，邹云升做了一个结肠肿瘤切除手术。术后 11 天，还没拆线，他就重新投入工作。这一方面缘于自身的好强，另一方面也缘于企业的需要。

没想到，这一次过分的“高效”、过分的“逞强”（邹云升原话），给邹云升带来了灾难性的后果。在手术后重返工作岗位的第三天，在上一分钟还清醒的情况下，邹云升突然休克。

据 ICU 病房参与抢救的医生说，邹云升当时只有 10% 的存活率。为了抢救邹云升，当年他所在的公司动用了能动用的一切资源，请来最好的医生，在N市及周边县市都没有匹配血浆的情况下，连夜动员了好几百个公司同事前来献血。多年以后，谈及当年那个生死攸关的晚上，谈及那个晚上为了他的命而奔走的所有认识以及不认识的人，邹云升几度动情。

因病情危急万分，来不及去手术室，邹云升被直接安排在ICU病房开刀动手术。整个抢救过程惊心动魄、险象环生。6天后，邹云升醒过来，看着身上布满的插管、十个手指布满的针眼（一个小时要测量一次血糖，扎一次针），邹云升情绪跌落至谷底。他的人生在此前一直顺风顺水、高歌猛进，不承想，今日竟坠入如此险境。

邹云升说，当时在ICU抢救，有三种疼痛，令他痛不欲生刻骨铭心。一是咳痰之痛苦。因肺部感染，为了防止引起病变，邹云升需要将肺部的痰咳出来。当时他的身上插着14根各式各样大大小小的管子，每咳一次痰，就会牵扯扎进身体各部位的管子，一咳就是一阵钻心的疼。为了活命，邹云升连续48小时一直在咳痰。有一个晚上，光抽纸就用掉了5大包。二是关闭呼吸机之痛苦。因抢救需要，医生把管子插到邹云升的气管里，用呼吸机维持他的呼吸，可是，也不能一直依赖呼吸机，否则肺会衰竭。因此，有时要适应性关闭呼吸机，每关一次，邹云升感觉就像死过去一样。三是拔管之痛苦。邹云升身上插满各种管子，根据病情变化时不时会拔掉一两根。往往等到一根管子需要拔掉的时候，它已经深深地跟身上的肉长在一起了，每次拔管，就像一根烧红的铁链在身体内拉扯。每拔一根管，都会伴随着一阵号叫，隔着整条走廊远远地都能听到。

“人世间的苦难，也算是到顶了吧。”讲述完这段经历，邹云升长长地叹了一口气。

访谈面对面

何恒清（以下简称“何”）：**当身体还比较健康时，您过的是一种什么样的生活？**

邹云升（以下简称“邹”）：身体还好时，工作太过拼命，太过于在乎别人的看法，总想证明自己、表现自己。我是从深圳引进到广西的人才，2002 年过来的时候年薪高达百万，大概是当年广西年薪最高的职业经理人了。正因如此，我工作总想出彩，想体现出自己应有的价值。很多时候，都是自己给自己加压。

刚到广西工作时，半个月回一次深圳的家，慢慢地一个月回一次，后来两个月甚至更久才回一次，以至于妻子抱怨说，再久一点，就不用回来了。

何：**在医院 ICU 抢救的两个月，有什么事情是您印象比较深刻的？**

邹：印象比较深的是，因为不能正常进食，当时护士往我的鼻孔里插了一根管，每天往里面注射黏稠的营养液，靠这种方式来让我续命。每次进食都是一次折磨。

经历了太多的痛苦，就连最简单最基本的进食都不能自主，这个时候，对“健康可贵、生命可贵”的感受，跟平时身体还好好的时候，听别人跟你讲大道理时的感受，有着天壤之别。当时躺在病床上，一再问自己，身体好好的时候为什么不珍惜健康呢？这太令人悲哀了。

何：**经历这一场大的磨难以后，您做事的风格和心态有改变吗？**

邹：当然会改变了，做事没有之前那么急功近利了。

何：**经历这一场大的磨难以后，您想明白了一些什么？**

邹：我常常跟朋友说，经历过这个事后，最大的不同就是：以前乘坐飞机，遇到大的气流，飞机一颠簸，就会恐惧。经历过这番磨难后，现在乘坐飞机遇到再大的气流、再大的颠簸，都能坦然面对了。现在，以平常心来面对一切，好事、坏事，都当成一种经历。经历了人生的悲欢离合、大喜大乐、大苦大难后，方才明白越是平常心越是看得淡越是不急功近利，反而可能会有更好的结果。

何：**如果以一个觉醒了、开悟了的过来人身份来告诫世人一句话，您最想对他们说什么？**

邹：要给身边的人带来美好。如果每个人都能给身边的人带来美好，那这个世界就会变得非常美好。

何：**大病后，您思考过怎样度过这一生吗？**

邹：用美好的心态尽量去享受生活。以前，各种原因都会影响出游，心里总是想，人生还长着呢，有的是时间。现在则不一样，旅行会比以前多一些，尽量去一些新的环境，创造机会经历一些之前没有经历过的生活。这些年，我走过很多地方。有些地方比如西藏、云南丽江，去了还想再去，有些地方像中国香港、新加坡，每年都会去，不只是单纯的旅游，看看风景，而是去感受不一样的生活。而欧洲，一次、两次、三次……每次去感受都不太一样。特别是近期发生的巴黎圣母院火灾事件，给我很大的触动：有些美好的东西，你不去看，不去体验，它有可能突然有一天就损坏了，或者消失了。（2019 年 4 月 15 日，法国巴黎圣母院发生火灾，整座建筑损毁严重。）

何：**假如人生重新来过，您打算怎么过？**

邹：我现在做的工作只是谋生。假如人生能重新来过，我可能会做一些自己比较喜欢的事情。我年少时喜欢画画，也曾想过要做一名画家。

访谈手记：

很是巧合，在第二次采访邹云升过后的第二天晚上，我去医院陪护一位亲戚。我的这位亲戚还不到 30 岁，前两天做完脑部肿瘤切除手术，刚由重症监护室转入普通病房。

在后半夜，即使是在医院，一切也都会安静下来。那些声嘶力竭的哀号，那些悲痛欲绝的哭泣，此刻，都尽数消散。周遭安静得我都能听到自己心脏跳动的声音。我的那位亲戚，头上严实地包着绷带，正躺在病床上输液，两瓶不同颜色的药水顺着两根输液管同时流进他的身体。看着药水一滴滴从瓶子高处落下再消失在留置针下的血管中，有那么一瞬间，我的心头闪过一种之前从未有过的强烈感受：没病真好！在前一天采访邹云升的时候，我还没有这种强烈感受。邹云升在ICU病房抢救，那可比今晚这情形要凶险百倍啊！

就在那一刹那，我突然意识到：也许，听别人讲得再多，那都只是别人的遭遇，跟自己身临其境感受到的完全不一样。而仅仅是身临其境，和所有的苦难和疼痛都真真切切地落在自己身上，尖锐的针头刺入自己的血管，锋利的手术刀划开自己的肌肤，冰冷的各种器械管子插进自己的体内，感受肯定也是天差地别。

总有一种苦难，总有一种伤痛，能让我们慢下脚步思考余生。只是，为什么我们总要在亲历苦难，承受生命中难以承受之痛后，方能大彻大悟？难道我们一定要付出如此沉重的代价吗？

可不可以，有一种聆听，在别人的遭遇中，就能观照自我、大彻大悟？

医院有两部电梯，其中一部用于运送逝去的人，每运送下去一个人，不久就会听到外面响起一阵阵鞭炮声。那时，几乎没几天就会听到鞭炮声响起。一听到鞭炮声响起，躺在病床上的人都会不由自主地默默对视一下。

——郭慧莹

守护一条江　辟出一条生路

访谈对象：

郭慧莹，女，20 世纪 50 年代出生，原南宁市某招待所职工，现社会兼职为南宁市红十字会志愿服务队水上分队副队长及南宁市冬泳协会五队队长。

访谈时间：

2020 年 4 月 2 日（第一次采访）

2020 年 4 月 3 日（补充采访）

访谈故事：

采访郭慧莹，缘于一位朋友的推荐。在约定见面地点时，郭慧莹说，就在邕江大桥南亲水码头吧。那时我还不知道这一条江、这一个码头于她的意义。

坐在江边的石凳上，正对着缓缓流动的邕江，随着访谈的深入，我深感惭愧。惭愧于自己之前竟从未听闻郭慧莹的名字，惭愧于自己只是把她当作一个“大难不死”的普通肿瘤患者。其实，郭慧莹算得上是个“名人”。多年来，这座城市，甚至这座城市之外的多家媒体不止一次刊发过关于她的报道。她不但是一名与癌症抗争了38年的“抗癌明星”，同时，她更是一名“水上英雄”，一次次游过这深不见底的邕江，把那些在水中挣扎的求救者安全带到岸边。多年来，她与她的同伴们救起的溺水者已不下百名。

1982年7月，年仅29岁的郭慧莹脖子上长了个瘤，恶性的。那时，她还没有结婚。30多年后，回忆起当年的情景，郭慧莹仍然感叹往事不堪回首：1982年第一次手术，1983年第二次手术，1985年第三次手术，1987年一年间做了两次手术……1982年至2000年，18年间，郭慧莹前后一共做了9次手术。肿瘤割了又长，长了又割。更为不易的是，1992年，郭慧莹更是克服常人无法想象的种种困难，在产前5个月医院都没让立卡的情况下，冒着巨大风险，产下一名男婴。一次次与死神交战，最终郭慧莹赢来了她想要的圆满。

经历了一次次住院，一次次手术，郭慧莹看过太多的生死离别：医院有两部电梯，其中一部用于运送逝去的人，每运送下去一个人，不久就会听到外面响起一阵阵鞭炮声。（20 世纪八九十年代，南宁市还没有禁止燃放鞭炮。）那时，几乎没几天就会听到鞭炮声响起。一听到鞭炮声响起，躺在病床上的人都会不由自主地默默对视一下。郭慧莹住院时习惯带一副跳棋去，主动邀病友下棋打发时间。一个病房好几个人，一副棋可以 6 个人同时下，往往一段时间过后，棋还在，下棋的棋友却所剩无几了。郭慧莹还看到，有不少病友刚入院时买了很多饭票，可是还没用几张，人就走了。

在生命的困顿和黑暗之际，冥冥中，好像真的存在命运的安排一样，郭慧莹的生命融入了一条江！

由于长期的放化疗，郭慧莹的胃部严重下垂。2003 年的一天晚上，郭慧莹胃不舒服的老毛病又犯了，原本走在去医院看病的路上，却突发奇想地跑到了邕江边，跳入缓缓流动的邕江。在江里游了两圈后，郭慧莹感觉到了久违的身心愉悦，胃不反酸不打嗝了，肚子隐隐作痛的症状似乎也消失了，整个人一下舒畅了很多。打那时起，郭慧莹开始亲近这条江。此后的春夏秋冬，郭慧莹几乎每天都下江游泳。郭慧莹渐渐融入这一条江，或者说，这一条江接纳了她。渐渐地，就有了她与这条江的故事。这是她最初跳入这条江时没有想到的。

一条江静静地流淌，总是有人忽略了它温和背后的凶险：刚刚还好好的一个人，突然一下就被江水吞噬了。在江边待的时间长了，郭慧莹就看见了许许多多的沉浮与挣扎。在目睹了一次次悲剧，特别是在经历了一次救人失败以后，郭慧莹专门去学习了水上救人的知识，考了一本游泳救生员证。

这10多年来，或是机缘巧合，或是应召而至，郭慧莹从这条江中救起了不少命悬一线的溺水者。救的人多了，郭慧莹的声名也就传开了，渐渐地，她获得了有关部门颁发的诸多荣誉。从2007年开始，郭慧莹几乎每年都会获得相关单位颁发的“见义勇为”荣誉证书。

自此，郭慧莹从一名肿瘤患者、自救者，不觉中升级为一名救人者、励志者，成为一名“水上英雄”。

访谈面对面

何恒清（以下简称“何”）：**我听说您年轻时的经历颇为坎坷，可以说说当年的情况吗?**

郭慧莹（以下简称“郭”）：我16岁就到农村插队，干各种农活，捡牛粪，那时劳动一天的工分仅仅值0.17元。好不容易，1978年我回到南宁，在市直属一家招待所工作。可没几年，1982年我就发病了。虽然重病在身，但是该做的工作还是要做，包括打扫厕所、清运发酵恶臭的垃圾，这些别人视为苦差避之不及的工作，我都愿意做。虽然只是一份普通的工作，但我还是非常珍惜的。不过，珍惜也没用，1997年，我还是下岗了。下岗后为了养家糊口，我在街边卖过衣服，进小区征订过牛奶，卖过保险，什么都干。

俗世红尘，更多的人，是被一双双无形的手操控着，或按部就班，或随波逐流，或默然不语。

何：**跟疾病斗争了 38 年，其间又一度下岗，是什么让您一直在坚持？**

郭："当命运不公时，唯有意志可以重建人生"，这是我贴在自己房间里的一句格言。（在说出这句格言后，郭慧莹从随身带的包里掏出了一张发黄的旧报纸。多年前，当地一家都市报征集"影响自己的格言"，郭慧莹报送的这句格言成功入选并获奖。）下岗后，我在路边卖衣服被骗过钱，在大热天上门帮人钉奶箱时被辱骂过，在打工时受尽冷眼，那都是常有的事。难熬的时候，我就一遍遍地念这句话。

何：**听说现在不少大医院的医生请您去开导那些一时想不开的病友？**

郭：可能是因为我的经历比较特殊比较坎坷吧，我患病至今已有 38 年，真正算得上是一个"老病号"了。有些熟悉我情况的医生在遇到一些悲观绝望、想不开的病友时，就会把我请去现身说法。在医生的眼里，我是一个比较有说服力的、活生生的例子。能够给病友们打打气鼓鼓劲，我也乐意。我心里清楚，当一个人突然遭遇"绝症"或重病时，一开始多半是不愿接受不愿面对的，随后就是消极，甚至自暴自弃。这时往往需要身边的人给他力量给他信心。前几天，还有一个远在新疆的老人家，不知道从哪里知道的我，一再请求我给他患了癌症的儿媳做思想工作。

何：**30 多年前您还很年轻，身患重病以后，想得最多的是什么？**

郭：担心活不久了，怕自己喜欢的一切，那些美好的一切，都没有了——比如当年非常流行、我也非常喜欢的喇叭裤。

何：**您救了不少溺水者，有没有令您印象比较深刻的？**

郭：2007 年 8 月 6 日晚上 10 点，我当时游泳后上岸正准备回家，突然听到“扑通”一声，有人落水了，我毫不犹豫地跳下去把他救了上来，是一个 18 岁的高考落榜生。救上来后，他的父母感激不已，在我跟前双双跪下。经过这件事以后，父母和孩子都会明白，在生死面前，高考落榜是多么不值一提。2012 年 5 月 10 日晚，有一个姓黄的青年在邕江游泳，发生意外，脚抽筋了。我和另外两个在江里游泳的人一左一右一后，护送他上岸。这位年轻人上岸后，掏出身上仅有的 10 元钱，一定要送给我们以表谢意。这一幕，还被人拍了照片——这照片我还留着呢。

何：**回忆一生中最美好的时刻，都有哪些？**

郭：在邕江自由自在地游泳，还有，就是救人。记得有一次在江边，当我把人安全救起来的时候，有人激动得直喊“万岁”，那一刻，我一辈子都记得。

何：**每个人都有离去的那一天，假如您知道自己还有一天可以活，您会做些什么？**

郭：可能什么都不会做了，安静下来，让一切停下来，把这辈子的事情好好回忆一遍，和孩子说一说。

访谈手记：

不能说，跳进一条江游泳，那些困扰人的病痛就没有了。江只是江，水也只是水，江水不是药。

只是，对于某些人而言，一条江胜过一服药。比如郭慧莹，她说，跳进江里游泳，心情愉悦、自由自在、无拘无束。

人生本无意义，走着走着就有了意义。每个人都在寻找着属于自己的人生意义。于郭慧莹而言，跳进这条江，就像变成了一条鱼，那些俗世所有的繁杂琐碎，所有的坎坷，所有的不如意，甚至伴随多年的病痛，都会瞬间远去。

江水荡涤一切。江水滋润一切。江水拯救一切。

每当邕江两岸灯火一盏盏地燃起，郭慧莹行走在江边，是为守护那些意外的落水者，帮助他们拨开一条生路，同时，亦是守护自己心里的一方净土，为自己辟出一条生路。

郭慧莹在这一条江里付出，也在这一条江里收获。因为这一条江，郭慧莹有了寄托，有了灵魂，有了生命力。

此时此刻，她不再是那个病痛缠身的人，不再是那个为了谋生而苦苦奔走的人，不再是那个因售卖牛奶售卖保险而受尽冷眼的人，不再是自我感觉卑微的人。

此时此刻，她守护生命，守护这条江，守护这座城。

此时此刻，她荣誉加身，获得了应该获得的尊重和赞颂；此时此刻，她找到了此前从未找到过的意义和价值；此时此刻，她微笑而从容。

很多时候，我们中的很多人，都如同迷路的孩子。小时候不知道为谁学习，长大后不知道为谁工作，终其一生，不知道为了什么而努力。每天早上叫醒我们的，只是闹钟。

找到我们生命中的“那条江”吧。不管我们身处何种境遇，正遭受何种苦厄，不管“那条江”是化身为一座山，还是化身为一片田园，或者化身为一把听诊器、一本书、一支画笔、一把琴、一张船票……

找到“那条江”，也就找到了生路。

生死十记 · II

去登一座山吧

我们终将死去。去登一座山吧。

不要在远处观望，不要在山脚徘徊，不要畏惧山高、路远。收拾好行囊，一经出发，路就在你的脚下，山也渐渐地在你的脚下。

你将一步步地把那些大大小小的山峰踩在脚下，直至有一天，完全登顶。

一辈子只登一座山，直至山顶。或是，登完一座，接着再登一座。这都没有关系，只要启程，你就赢了。只要启程，世界的大门就朝你打开了。

上山的路，有千万条，你选择从哪里开始，笔直大路或是蜿蜒小径，人声鼎沸或是人迹稀少，这些并不重要——重要的是，你不要被人潮裹挟着朝某个方向行进；重要的是，你要记住自己的方向。

你选择在哪里停驻，选择在哪里观看风景，这些也不重要，毕竟，每个人对于风景都有着自己独特的看法，每个人对于美好都有着自己独特的感受。只是你要知道，在人头攒动的地方，你踮起脚尖看到的只能是别人的背影和残山剩水，只有在幽深僻静处，你才能打开你的视野，看到属于你的风景。

你最终是否登上山顶，好像也不是很重要。总会有人倒在上山的路上。登上山顶的，从来都是极少数，自古如此。严格来说，那些倒在上山路上的，和那些最终登顶的，本质上并没有多大的差别，他们都走在同一条道上，当眼睛闭上的那一刻，他们都到达了自己的山顶。

上山的人，有千千万，总有一些人正好成为你的同伴。大家一起走，一起抬头看星星，一起唱歌一起欢笑，一起跌倒一起爬起来，一起相互注视，一起流泪。每一个路口，都会有人落下或者告别。

每一个人自有每一个人的路，每一段路也自有每一段路的同伴。

没有人能够从山脚陪伴你一直爬上山顶，兄弟朋友不能，父母孩子不能，爱人也不能。总有些路，需要一个人走。总有些孤独，需要一个人独自面对。在那些无助的时刻，我们只能咬牙望着前方，一遍遍地告诉自己：一直往前走，一直往前走。

一旦开启了登山的旅程，一路上，你就看到了一切：山脚下的青草连绵脚印错横，半山腰的繁花似锦蜂飞蝶舞，小山峰上的古树参天云雾缭绕，山顶上日出日落的绚丽壮美以及一览众山小。

一旦开启了登山的旅程，一路上，你也会经历一切：平坦开阔时健步如飞，崎岖泥泞时举步维艰，沟壑和陷阱遍布时的痛苦与万念俱灰，眼前无路时的迷惘和柳暗花明，以及热闹时的相互赞颂，清冷时的无人问津，这些，你将一一经历。此外，还有跌倒和受伤、沮丧和惊喜、孤独和恐惧、疲惫和振作、放弃和坚持……你所攀登的高度，往往决定了你所能看到的风景。你所经历的磨难与坎坷，往往积聚着助你向上攀爬的力量。

每一个人前行的路上，都横亘着一座山。每一个人的心中，都藏着一座山。

一辈子，总要登上一座山，那是我们的宿命，亦是我们来过的痕迹。在上山的路上，你的血始终是热的，随着越来越抵近山顶，你将感受到什么叫热血沸腾。这是你在远远地看着这座山无动于衷时，这是你在山脚下左顾右盼患得患失犹豫不决时，绝对感受不到的。人的一生，总是需要热血沸腾的，人的一生，总是需要畅快淋漓的，不是吗？

世上的山有千万座。不要此山望着彼山高，也不要一山看着一山美。不要只是从别人的口中听说“此山上如何如何，那山上如何如何”。你有你自己的山。你有你自己的路。山峰上面的山峰，是崎岖险峻还是风景秀丽，是庄严巍峨还是白雪皑皑，是高不可攀还是人迹罕至？你需要亲临其境。你需要自己去征服。听来的，毕竟是听来的。跟眼睛注视过、脚步丈量过、手掌抚摸过、汗水流淌过、心跳加速过、跌过爬过屹立过，那是天差地别，不能同日而语的。

一辈子，没能真正登上一座山——真正意义上的山，一辈子，没能体味到那种站在山巅的感觉，你的内心深处，总会有些许的不甘吧。这不甘，往往会一直伴随着你、缠绕着你、折磨着你，直到生命的尽头。

去登一座山吧，你眼中最美的那一座，你最渴望征服的那一座，你能听到它在日夜对你呼唤的那一座。

去登一座山吧，在死亡最终到来之前。然后，你就可以大声对自己说：我已攀越了我心中的山，我已走过了我该走的路，我已看到了我所能看到的一切！

总有些路，需要自己一个人走。

Chapter2

第二辑

活在当下

只有在当下，

我们才活着。

生死十记 · III

活在当下，一切解脱之法门

我们活着，在哪里?

在未来吗? 不，那还没有到来。在过去吗? 不，那已经过去了。我们活着，是在这一刻。在你心跳的这一刻，在你的目光看过来的这一刻。这一刻，就是当下。

“当下”，严格地说，是佛经里最小的时间单位，1 分钟有 60 秒，1 秒钟有 60 个刹那，1 刹那有 60 个当下。

我们活着，在这个尘世，由无数个当下组成。可以这样说，我们活在当下；只有在当下，我们才活着。过去的已经过去，未来还不知道在哪里。我们能掌控的，唯有当下。让你的目光继续停留在这里，或者，把你的目光从这里移开，这是你能够掌控的当下；微笑或发怒，喜悦或悲伤，烦躁不安或平和宁静，这是你能够掌控的当下；是向前还是退后，是坚持还是放弃，是拿起还是放下，是张嘴说话还是闭嘴不语，这也是你能够掌控的当下。我们能掌控的当下，便是我们活着的当下。道理显而易见。

可是，很多时候，我们并没有活在当下。

我们活在过去，活在过去对我们的伤害里。那个时刻或许只有几分钟，甚至只有几十秒，可我们却没有忘记，以至于伤害始终停留，由几分钟蔓延至几个月，几年，甚至几十年。这时候，时间已经过去了，伤害造成的痕迹已经消失了，甚至，多年以后再遇见当年伤害我们的那个人，他也不是曾经伤害现场的“那个人”了。诺贝尔文学奖获得者莫言，曾在领奖台上讲过自己的亲身经历。在那个物资匮乏的年代，母亲带着年幼的莫言去麦收后的田间捡麦穗，一个强壮的看守人不由分说，照着莫言母亲脸上就是一巴掌，莫言母亲摇摇晃晃地摔倒，嘴角流着血瘫坐在地上。多年后莫言长大了，在一次回乡探亲时陪着母亲上街，偶遇了多年前那个动手打母亲的人。那个曾经高大魁梧的看守人如今变成了弯腰驼背的老者，怒气袭来的莫言正要走上前去复仇，却被母亲一把拉住了。母亲平静地对他说：“儿子，那个打我的人，跟这个老人，并不是一个人。”

听了母亲的话，莫言放下了。只是，许许多多的人，始终没有放下。他们还一直活在过去。

我们沉溺于过去，沉溺于过去受到的伤害，所以怨，所以恨；沉溺于过去的痛苦，所以仍然痛，仍然苦；沉溺于过去的失败，所以看不到未来成功的曙光；沉溺于过去的丢失，所以纵使拥有万贯家财亦提心吊胆，担心一朝醒来两手空空。我们沉溺在让人沮丧的记忆里，任由记忆中的伤害如影随形，伴随我们成长，缠绕我们一生。

又或者，我们只活在未来，活在对未来的焦虑中。我们担忧未来种种不好的可能。夜深人静该睡觉的时候，我们担忧明天的计划无法实现，辗转反侧而无法入睡；面对美食，我们不是在谈论下午的工作就是在想着明晚吃什么，以致无法细细品尝当下每一粒米的香甜。我们总是对那些遥远的尚未发生的甚至不太可能发生的事情忧心忡忡。我们担忧明天工作岗位被别人取代。我们担忧积累的财富太少。我们担心未来衣食无着落，老无所依。我们害怕儿女长大没有出息，无法独自生活。我们想着自己会衰老，会生病，会失去亲人，甚至很快死去。

我们既习惯于沉溺过去，又习惯于担忧未来；我们既习惯于活在过去，又习惯于活在未来。我们恰恰，一直没有活在当下。

反而是那些在鬼门关走过一遭的人，遭逢过无常，往往不敢展望太远的将来，亦不愿频频回首昨日的伤心。所以，他们愿意活在当下，也更容易活在当下。

活在当下，则懂得珍惜。那眼前的人，窗前的灯，此刻的拥抱，尚存的余温，紧握的手、手中的饭碗、嘴里的余香，尚未走远的身影，珍惜夕阳西下的鸟语、花香、天籁、溪流、未转化为空气的呼吸。

活在当下，则心无旁骛。不忧、不惧、不惊、不贪、不妄，心静如水、八风不动。看花是花，见草是草。扫地时当下就是扫地，煮饭时当下就是煮饭，睡觉时当下就是睡觉。

人生无常。此刻的欢喜便是欢喜。此刻的完美便是完美。此刻的圆满便是圆满。

当我们顿悟了活在当下，我们也就顿悟了我们这一生。当我们顿悟了活在当下，我们也就不再执着。不执着于万物，不执着于虚妄，不执着于得不到，不执着于失去，不执着于痛苦。

活在当下，如此短暂，却直达永恒，为一切解脱之法门。

我现在算是活明白了，把每天都当作最后一天来过。

——卢薇薇

为明天留一盏灯

访谈对象：

卢薇薇（化名），女，20 世纪 80 年代末出生，中学舞蹈教师。

访谈时间：

2019 年 11 月 3 日

访谈故事：

一个人，到底有多绝望，才会在数九寒冬，半夜时分，跳进冰冷的河流，欲了断此生？

卢薇薇体验过那一种绝望，那一种痛彻心扉。

2010 年冬天的一天，元旦刚过，凌晨 2 点多的时候，卢薇薇穿着一双棉拖鞋，悄无声息地走出家门，在寒风中穿过空无一人的街道，走到家附近的一座桥上，面对滔滔河流，决然纵身跳下。

在卢薇薇跳河的前几天，她未婚夫的妈妈拿了一只无头的鸡来到她的家里。按照当地风俗，这是退亲的意思。而此前的几天，未婚夫刚在卢薇薇家人面前信誓旦旦，说即使卢薇薇的家人放弃了他也绝不会放弃卢薇薇，言犹在耳，物是人非。而这距离她被确诊为尿毒症，还不到一个月。

在卢薇薇被确诊为尿毒症之后，医生说，只能做透析，透析到哪一天就算哪一天。面对治愈希望渺茫的重病，经历了禁不起考验的爱情的背叛，卢薇薇选择了放弃，选择了以这样一种决绝的态度来回应。那时她还年轻，以为纵身一跳，就一了百了。

也许是她命不该绝，也许是冥冥中一切皆有定数。在那个寒冷的冬夜，当时桥下竟然有两位老人在萧瑟寒风中夜钓。万籁俱寂中，突然听到落水的声音，两位老人急忙打着手电搜寻，合力把卢薇薇救起。被救上岸的卢薇薇沉默不语，不愿回家，也不愿告知老人自己家人的联系方式。

无奈之下，其中一位老人叫来了老伴，把卢薇薇带回了自己家。老人的家，其实就是在江边搭建的一间非常简陋的小房子。多年以后，卢薇薇仍然记得那间江边的小房子以及小房子里昏黄的灯光，记得那位守了她一夜的老奶奶，记得老奶奶为她煮的热姜汤。那位善良的老奶奶，那位与卢薇薇有着奇妙缘分的老人，也许洞察了人生中太多的磨难与苦痛，也许只是怜惜眼前这个如花的生命，担心她想不开再次自寻短见，就一直在床头守护着她。待卢薇薇的情绪相对稳定了一些，老奶奶与她展开了对话。

从一次次的对话中，卢薇薇得知，这对老夫妻也是苦命人。多年前，一无所有的他们从乡下来到这座城市捡破烂，在最艰难无助的时候差点“卖”掉自己的孩子。后来，靠着捡破烂以及开荒种地，他们咬牙坚持到现在。令人欣慰的是，苦尽甘来，现在他们的孩子已经在这座城市安家立业了，成了真正的城里人。老奶奶还告诉卢薇薇，前些年她不幸患上乳腺癌，刚开始也很痛苦也想要放弃，但最终还是挺过来了。

在江边那间简陋的小房子里，老夫妻以大半生的阅历，不厌其烦地开导着卢薇薇。老人曾说过一句话，令卢薇薇此生难以忘怀：“你现在还年轻，你不会明白天下父母心！”

或许是老夫妻的苦口婆心终于打动了卢薇薇，或许是卢薇薇自己想通了。三天后，卢薇薇放弃了寻短见，主动联系了家人。

卢薇薇不知道的是，她失踪的这三天，对于她的家人来说，是多么漫长而煎熬。她不知道，她失踪的三天里，家人发动了所有能发动的亲朋好友，沿着这座城市的河流，一遍遍地搜寻；她不知道，她失踪的三天里，家里没有了烟火，没有做过饭烧过菜；她不知道，只是三天的时间，她的父亲就把一双新买的皮鞋，走得破旧不堪，平日威严的父亲，一夜白发。

三天之后，见到失而复得的女儿，卢薇薇 60 岁的老父亲泪流满面，在那对老夫妻面前扑通跪下。

谈及往事，卢薇薇眼含泪光。当年跳河自寻短见时，她怎么也没有想到，经此“鬼门关”之后，她的人生就像开挂了一样：在血透三年后，她于 2013 年获得机会成功做了肾移植手术；做了肾移植手术的第二年，她觅得意中人，步入婚姻殿堂；婚后的第四年即 2018 年，几经努力，她顺利生下一个健康的宝宝！

或许，那江边小房子昏暗的灯光，在往后很多年里仍然指引着她。在采访将要结束的时候，卢薇薇说，当事情坏得不能再坏的时候，就会往好的方面发展。

访谈面对面

何恒清（以下简称“何”）：**你清楚自己为什么会患尿毒症吗？**

卢薇薇（以下简称“卢”）：一是跟生活方式不健康有关，我不太喜欢喝水，总是要等到非常渴才喝一点，平时都是喝可乐等一些饮料，以饮料来代替白开水。还有，上大学时，我经常熬夜玩游戏。二是可能和药物有关，小时候经常哮喘发作，打针、吃药过于频繁。

何：**你与死亡零距离时是怎样一种感受？**

卢：我曾经超近距离地旁观过死亡。那时我刚做完肾移植手术，还在重症病房观察。病房里有三个病友，其中有一个男的，刚做完肝移植手术。那天，那名男病友忽然就开始大口吐血，由于事发突然，来不及转移到 ICU，医生就直接在他的病床上实施抢救，抢救时，甚至都没人顾及我们的存在，床与床之间的帘子都没拉上。就这样，我和另一个病友眼睁睁地目睹了整个抢救过程：上监测仪器、上呼吸机、电击、打强心针，整整抢救了两个

活在当下，则懂得珍惜。那眼前的人，窗前的灯，此刻的拥抱，尚存的余温，紧握的手、手中的饭碗、嘴里的余香，尚未走远的身影。

多小时。我们目睹了抢救失败的过程，我们目睹了医生的无能为力，我们目睹病友渐渐没了声息。随后，病友的遗体就停放在我们的身边，直到几个小时之后护工过来推出去。

在这期间，我们不敢看，目光总想避开那个地方，但是越是这样越是不经意地老看向那个地方。在这期间，另外一个病友总是不停地往嘴里塞吃的东西，我问她为什么。她说："也许轮到抢救我时也是这样，我不想做一个饿死鬼。"听到她这句话，当时我的眼泪一下子就哗哗地流了下来。那一刻，我也想找些东西来吃，可惜当时身边没什么可以吃的。

何：**经历过这么多事情以后，你觉得你活明白了吗？**

卢：我现在算是活明白了，把每天都当作最后一天来过。因为，你不知道明天和意外哪个先来。前不久，有两个跟我一样做了移植手术的病友走了。跟肾病没有关系，纯属意外，一个是煤气中毒走的，另一个是摔倒在地碰到后脑勺走的。两个病友的意外离世，给了我很大震撼。我又一次看见了命运的无常。

现在说不上有多害怕死亡，但是会舍不得，舍不得家人、亲人，舍不得身边的一切。

经历了那么多，好不容易换了一个肾，我现在就要比别人活得更好，不然对不起家人的付出，对不起家人花那么大代价来救自己一命。

何：**经历过生死之后，你最大的改变是什么？**

卢：我以前很任性，很自私，宁可我负天下人，也不会让天下人负我。现在则是反过来，宁可别人负我，我尽量不负别人。我现在学会了站在对方的角度想问题，为别人着想，为别人付出。

何：**到目前为止，你做过的最引以为豪的或者说最有意义的事情是什么？**

卢：那肯定是打破别人所说的种种不可能，最后终于做了妈妈，体验到了为人母的自豪。像我这样（做了肾移植）的人，很多人是不敢结婚的，更谈不上要小孩了。一开始，为我做移植手术的医生也不太赞同我要小孩，好像认为我有点太那个了——太冒险、多事、要求太高、痴心妄想，什么味道都有一些吧。我不想放弃，一直坚持着，跑到浙江、广州等地咨询权威专家寻求帮助，最后有惊无险地生下一个健康的宝宝。

何：**你还有什么目标或者愿望要实现吗？**

卢：当看到儿子上大学的那一天，我想我就很满足了。

何：**假如人生可以重来，你将如何开启你的人生？**

卢：以前，我上大学时，也想去远方，去大城市闯一闯。现在经历了那么多，想想，留在父母身边，陪着父母慢慢变老，也挺好。我一直没觉得我跟我父亲有多亲近，可是我当年做肾移植手术，5 个小时后才醒过来，据医生说，在那还没有苏醒的 5 个小时里，我有 4 个小时都在迷迷糊糊地叫“爸爸、爸爸、爸爸”，一直叫个不停。

假如人生重新来过，我会改变生活习惯，不会让身体变成这样。但是，假如不经历这些，我也就不是现在的自己了。那些经历，成就了今天的我，让我明白了该如何好好活着。

访谈手记：

关于绝望，著名心理学家维克多•弗兰克尔在他的自传《活出生命的意义》一书中，讲述了一个他亲身经历的故事：二战时期，弗兰克尔和许多犹太人一样，被关在奥斯维辛集中营里。有一天，弗兰克尔的狱友，一名小有名气的作曲家和作词家 F 对弗兰克尔说，他做了一个奇怪的梦，梦里有个声音说他可以许个愿，问任何他想知道的事情，他都能知道答案。F 问了那个声音，战争什么时候结束，自己什么时候可以回家。那个声音诡秘地对他耳语道：3 月 30 日。F 做梦的时候是 1945 年 2 月。当 F 把这个梦告诉弗兰克尔时，整个人充满了希望，确信梦里的那个声音所说的正确无疑。后来，随着日子的临近，大家都知道战争是极不可能在那个日子结束的。1945 年 3 月 30 日，也就是 F 梦里那个声音告诉他战争结束的那一天，F 死了，死于体内潜伏的伤寒感染。弗兰克尔认为，F 的死因是预言没有如期兑现，他绝望了。一个人绝望了，活下去的意志就没有了，身体的抵抗力急剧减弱，最终身体成了疾病的战利品。

总有这样一些时刻，我们也跟卢薇薇一样，跟弗兰克尔讲述的 F 一样，身陷困境，看不到一丝希望，看不到一点曙光。身边的每一条路，似乎都不好走；身边的每一条路，似乎都被堵死；身边的每一条路，似乎都走不通。

那一刻，我们绝望了，以为天要塌了。

其实很多事，多年后回过头去看，也算不上多大的事。就好比年少时痛苦得死去活来的初恋，过了10年、20年，相聚时回头一看，只会莞尔一笑，云淡风轻，他不再是他，你也不再是你，身份、地位、眼光、阅历、品位，一切都变了。又好比我们的祖辈、父辈，经历过物资匮乏的年代，经常饿肚子——不是今天的我们理解的那种少吃一顿两顿饭的饿，而是常年缺油少粮，肚皮贴着骨头，半夜饿得睡不着甚至吞食树皮、枯草充饥的那种饿——当时他们总以为就要饿死了，撑不下去了，怎么也没想到今天物质生活如此丰富，大鱼大肉塞满菜篮和冰箱，甚至吃出了脂肪肝、高血脂、糖尿病。又好比今天许多叱咤风云的商界大佬，当年创业时，多半都经历过企业濒临破产的至暗时刻，有的人甚至因为想不开走上过天台，多年后功成名就，这些过往都成为励志的故事、茶余饭后的谈资了。

天哪有那么容易塌下来！

此时此地，是绝境；彼时彼地，又将绝处逢生。即使是二战期间暗无天日的奥斯维辛集中营，也有打开大门的那一天。只是，弗兰克尔熬到了那一天，F则没有。

俗世红尘，爱恨情仇，背叛与抛弃，执迷与伤害，我们终将一一经历；人生八苦，生、老、病、死、爱别离、怨憎会、求不得、五阴炽盛，我们终究要一一品味。

当我们以为身处绝境的那一刻，当心里充斥着绝望的那一瞬间，不要急着放弃，不要急着纵身一跳。咬紧牙关，再熬一熬，再挺一挺。月时间为明天留一盏灯。

时空转变，一切都在变，一切皆有可能。

现在看到别的夫妻吵架，会觉得他们好傻，好好的生活不好好过，吵什么吵呢？

——林正军

那些普通的日子恰是美好时光呀

访谈对象：

林正军（化名），男，20 世纪 70 年代出生，现居深圳。

访谈时间：

2019 年 9 月 27 日

访谈故事：

如果可以，林正军希望那场意外永不发生。

2004 年，东莞。林正军在开着摩托车载一位老乡去寻找门店的途中摔倒，导致腿部被排气管烫伤。由于伤得不重，林正军没有去医院看医生，而是听人介绍随意找了一种抗生素涂抹伤口。没想到，一个月之后，林正军的眼睛竟然看不清四周景物了，看到的东西都带着重影。去医院一检查，肾坏了——慢性肾衰竭（尿毒症）。

这场意外，成了林正军一辈子的噩梦。

林正军高中还没毕业就到东莞开便利店做生意，当起了老板。当他的很多同学还在校园中上课，向父母伸手要零用钱时，他已赚取了人生中的第一桶金。用林正军的话来说，在当时，他算是“混得比较好的”。可是，这样平顺的日子，因为这场意外的降临戛然而止。

患上了尿毒症的林正军，每周需要做三次透析，每次透析需要四个小时。躺在病床上，看到护士直接用两根非常粗的针扎进血管时，林正军起初非常恐慌——如果护士扎针手法熟练还好一点，如果遇上扎不好的，那几个小时的透析都在疼痛和恐惧中度过。每周的透析，对林正军来说可谓生不如死，他不止一次地想，每周都有几天那么痛苦，不如死了算了。

不幸中的万幸，幸运之神意外降临了。还没做多少次透析，在朋友的帮助下，林正军获得了一次赴西安做肾移植手术的机会。术后，林正军身上有了一个健康的肾。

林正军长长地松了一口气。他满心以为他的生活终于可以回归正轨，病魔已被抛在身后。从今往后，迎接他的都将是美好的日子。

只是，幸运之神并没有一直眷顾他。七年之后，即 2011 年，林正军移植的肾也出现了问题。上天收回了赠予他的礼物。那一刻，没人能体会林正军那得而复失欲哭无泪的心情。那段时间，林正军情绪异常低落，觉得人生已经没什么盼头了，整个人瘦得只有 90 斤。他整整一年都没有登录 QQ，不愿意跟人联系。

无奈之下，林正军又回到了最初的透析之路——痛苦、耗时、煎熬的透析之路。每周三次，每次四个小时，像上班一样，到时准点躺在医院的病床上，望着白色的天花板，或看着鲜红的血液缓缓流动，从一根管经过机器，到另一根管，然后再流回自己的体内。

由于每周都要做透析，林正军目前也找不到合适的工作。雪上加霜的是，他的妻子也因病上不了班。林正军说："我们这些人（指每周需要固定做血液透析的群体），如果给我们一份工作，我们一定会非常珍惜，会做得非常好，可没有多少企业愿意聘用我们。"言语之间，充满落寞与无奈。这种无奈，其实一直贯穿在整个采访过程中。只有在谈及未来，谈及希望有关部门推动把肾透析群体纳入残疾人范畴，他们有望享受到残疾人的相应福利时，林正军的眼睛里才亮起一道一闪即逝的光芒。

访谈面对面

何恒清（以下简称"何"）：**患病以后过的是一种什么样的生活？现在比较在乎的是什么？**

林正军（以下简称"林"）：患病后，和很多同学、亲戚慢慢疏远了。有些人担心我会找他们借钱，有些人担心我会把病传染给他们。尿毒症，有一个"毒"字嘛，就有人以为会传染（苦笑、无奈）。现在过一天算一天吧，就没法跟别人比了。自己的身体、孩子的教育等，都没法跟别人比了。现在只是希望孩子的身体健健康康的。

何：**经历过生死之后，你最大的改变是什么？**

林：性子没那么急了，能让就让了。一般都不会跟别人吵架，已经没了争强好胜的心。每天都坚持运动，身体状况比以前好了，心理状态各方面都恢复得比较好。现在只想着平平安安就好。

何：**经历过这个事情以后，你觉得自己活明白了吗？**

林：以前开便利店的时候，我经常出去打麻将，不愿意看店，我们夫妻间经常因为这个事及其他一些生活琐事吵吵闹闹。现在基本不会了。现在看到别的夫妻吵架，会觉得他们好傻，好好的生活不好好过，吵什么吵呢？跟以前比，现在的心态没那么急躁了，也可以说是无欲无求或者说认命了吧，身体不行，学历技术不行，怎么都比不过别人。现在最大的体会是：身体是最重要的，身体好，才是真富有。以前也曾想出人头地，要比同学朋友、亲戚老乡干得好一些，多赚一些钱，风光一些，现在完全没有这种想法了。

何：**到目前为止，你做过最值得骄傲、最引以为豪的事情是什么？**

林：这么多年都忙于生计，好像也没做过什么值得骄傲的事情。倒是现在，深圳肾友会成立了一个肾友艺术队，我是队长，时常带领伙伴们外出做一些演出，在给别人带来欢笑带来温暖的同时，自己也感觉很充实。

何：**回忆一生中最美好的时光，都有哪些？**

林：以前开个小店做点小生意，赚到一点钱，那时身体还好，平平淡淡、普普通通。现在想起来，那已经是很美好的时光了。

何：**你这辈子有哪些遗憾？**

林：学历不够，文化水平不够，高中没毕业就出来闯荡，现在很后悔。现在意识到知识很重要，以前没好好读书，导致现在没有学历、没有一技之长，做什么都很难。

访谈手记：

看到邻居夫妻俩三天两头吵架，闹得鸡飞狗跳，看到现在城市里的年轻人熬夜打麻将、打游戏，攒出一身毛病，林正军不由得感慨：好好的生活不好好过，真傻！

在林正军的内心深处，我想，有可能会对当年那个没有全力呵护好自己身体的林正军说，真傻！

在林正军的内心深处，我想，也有可能会对当年那个天天想着跑出去打麻将、经常和老婆吵架的自己说，真傻！

那时普普通通的生活，今天回头看，恰恰是美好的时光啊！

只是，当年的林正军还没有意识到。

岂止林正军！许许多多的人，比如我们，现在也没有意识到啊。多少人，童年时羡慕成年人，一心想着要快点长大，不明白他们所拥有的天真烂漫无忧无虑，是成年人多么想回而回不去的欢乐时光；多少人，事业处于打拼阶段时，总是羡慕那些成功人士，不明白他们所拥有的朝气蓬勃的脸庞、青春飞扬的热血和冲劲，是多少肌肤松弛大腹便便的中老年人怀念的青葱岁月；多少家庭，总想着有朝一日能发达，一旦如愿，陷入种种利益纷争而焦头烂额家庭失和时，方才回味之前的平凡日子是多么可贵。

前不久，我和一位老朋友相约喝茶，一个多小时里，他接了五六通电话，内容五花八门：有训斥下属的，有和老婆吵架的，有和客户争执的，有对不明身份的人唯唯诺诺赔不是的。在外人看来，这位朋友过得颇为风光，白手起家事业有成，开着一家有一定规模的公司，出入有豪车，市中心有豪宅。可是我知道，他正遇上几件棘手的官司，一不小心就有可能跌入深渊万劫不复。通过那五六通电话，耳闻目睹朋友的神情、声音、语调，我能感受到他的疲惫、焦躁、烦忧。我最初认识这位朋友是在十多年前，那时，他跟他的太太刚在一起不久，在这个城市的城中村租房住，骑着一辆二手摩托车，穿梭在城市的大街小巷。那时，每次见到他们夫妻俩，都被他们爽朗的笑声所感染。那时，快乐和幸福写在他们脸上，藏也藏不住。

那是一段极为普通且手头略显紧张的日子，那时他们租住的房子刚好够住，那时的摩托车上刚好坐得下两个人。那时，他们都怀揣着梦想，努力想过上更好的生活。显然，他们如今的经济状况已远远好于当年，只是我不知道，如今的生活是否如他们所愿；我不知道，他们会不会偶尔想起那曾经租房的日子——房屋狭小，但屋内永远充满欢笑的日子。

每一个普通的日子，都有每一个普通日子的美好。早晨的豆浆油条，中午的一碗米粉，下班路上的两把新鲜青菜，周末的小酌，自行车后座的欢笑，冬夜的炉火，暗夜路上的微光，以及在屋内拥着被子看着窗外狂风冷雨雷电交加的安然……生活，多是寻常。不如放慢脚步静享时光，为一些小确幸，为一些小感动，为一些小美好，为一些触手可及的人和事。

那些远方的金碧辉煌，那些远方的霓虹闪烁，总是令我们前赴后继犹如飞蛾扑火，可是，谁又能分得清其中有多少海市蜃楼，有多少如梦幻泡影呢。

人生中有很多事情是不能等的，一等就会等成遗憾，终生的遗憾。

——曹秀芳

趁时光尚好

访谈对象：

曹秀芳（化名），女，20世纪50年代出生，退休前系某大型保险公司业务部门负责人。2002年切除脾脏，2005年肝移植，2007年切除乳腺。

访谈时间：

2019年5月10日

访谈故事：

“恭喜你，活过来了。”曹秀芳一直都清楚地记得，肝移植手术后的第15天，主管医生对她说的那一句话。

肝移植是个大手术，术后不能有一丁点的细菌感染，一旦感染就会有生命危险，连医生也不敢保证她一定能活下来，能不能走出医院的大门，更是未知数。十多年了，谈及2005年做肝移植手术的经历，曹秀芳仍心有余悸。那次手术后，曹秀芳全身插满各种管子，在ICU病房好不容易醒了过来，第二天，却发现有一根引流管堵住了。没办法，她只好在手术通知书及病危通知书上匆忙签上字，重新上手术台，重新经历一遍疼痛和风险。那些日子，护士进到病房，换出的手套都是一桶桶的。经历了种种提心吊胆，直到术后的第15天，主管医生才敢对曹秀芳说：恭喜你，活过来了。是的，术后15天，才能真正确定，活过来了！

曹秀芳算是幸运的，术后第26天就出院了。据她所知，和她同一批住院的病友，有的接连上了4次手术台，有的术后三四个月才能出院。也有的病友，没能从手术台下来。

肝移植手术两年后，还没完全从手术中恢复过来，体重只有70斤的曹秀芳又患上了广大女性同胞谈之色变的乳腺癌，不得不接受乳腺切除术和多次化疗。经此劫难，于曹秀芳来说，后面遇到的都不过是小手术、小问题了。

在曹秀芳家布满绿植生机盎然的大阳台上，我们聊了将近三个小时。看着丝毫没有倦意的曹秀芳，我都不太敢相信，这是一个曾经切除了脾脏、切除了乳腺并且经历过肝移植大手术的已经60多岁的人。看着此时云淡风轻的曹秀芳，我也很难相信，她曾经是一名女强人，曾经是一个什么都要争第一，带着好几百人的团队每天把上班视同上战场的女强人。

访谈面对面

何恒清（以下简称“何”）：**没生病前你过的是一种什么样的生活？那时比较在乎的是什么？**

曹秀芳（以下简称“曹”）：我是一个工作狂，几乎没有休息过一天。手下有几百人，每天都等着我去激励他们。保险公司业务量年年加码，你不扛，总有人扛。我是比较要强的。我的一位朋友曾经说我：你无论做什么都要做到最好。

何：**大病过后，现在过的是一种什么样的生活，比较在乎的是什么？**

曹：现在趁着还能走得动，喜欢四处走走，尽量多留下一些美好的回忆。国内自不用说，这些年国外也去了不少地方，比如美国、澳大利亚、迪拜、缅甸、马来西亚等。每个月都会参加各种聚会，小学同学聚会、中学同学聚会、各个时期的同事聚会……每次聚会，老同学老同事在一起，重温从前种种趣事，聊起年轻时的青春飞扬，心情总是变得格外好。每次聚会后，都好像变得年轻了许多。

何：**做肝移植这么大的手术，你术前有过内心挣扎吗？**

曹：我想做这个手术，但最初我父亲是不同意的，当时他已经 80 多岁了，我兄弟姐妹中也有不同意的。可是，我想，我的命还是让我自己来决定吧。术前，我问医生，万一手术过程中，我没了怎么办？听了我这话，医生愣了一下，可能没有哪个病人这样问过他吧，回过神后，医生说，正常情况是没事的。稍后他又补充了一句：“如果真没了，那就是你的命了。”

何：**我们每个人总有一天要离开这个世界，作为一个经历过生死劫难的人可能对这方面的感触更深。如果到了那一天，你希望以什么方式告别？**

曹：如果真的到了那一天，我希望自己不要全身都插满管子，我希望不要再做毫无意义的抢救，我想保留最后的尊严，我想给身边的人留下一个好的印象。如果真的到了那一天，也不用开什么追悼会了，我会把遗体捐出去，帮助那些需要帮助的人。

何：**回忆一生中最美好的时光，都有哪些？**

曹：这辈子很苦，一辈子都在忙忙碌碌，年少时没有多少机会读书，好像也没多少美好的时光。真要说美好时光，这些年放下一切去世界各地旅游，算是吧；年轻时在军垦农场生活的十年，无忧无虑，在无奈中寻开心，劳动一天后跳下清澈的溪流游泳，在绿荫小径捉蛇，躺在荔枝树下经受不住果实的诱惑偷吃荔枝，一颗接着一颗，欲罢不能，然后被发现后写检讨，这些也算；在学校时，有一年上级号召捡牛粪支持农业。有一次，和同学们走在路上看到一堆牛粪，城里的同学正在东张西望寻找铲子、箩筐等工具，农村的同学已经直接用双手把牛粪从地上捧起来跑远了，这些也算（大笑）。还有现在的各种聚会，都算美好的时光吧。

何：**经历过这个事情以后，你想明白了一些什么？**

曹：活着真好！愁苦是一天，开心也是一天，不如每天开开心心地活着。珍惜身边的亲友，珍惜身边的一切，有质量地过好每一天。

何：**这一辈子有哪些遗憾？**

曹：最遗憾的事是感觉对不起我的主管医生。当年我答应为他和他的儿子设计一份保险方案，但由于双方工作都忙，这个事情就一直往后延，一直没来得及办理。突然有一天，他先天性心脏病发作，37岁就英年早逝了，留下孤儿寡母陷入困境。人生中有很多事情是不能等的，一等就会等成遗憾，终生的遗憾。

何：**假如人生可以重来，你想怎么过？**

曹：假如能重新来过，我想还是要努力赚钱，争取让生活过得更有品质。我们这代人，看过太多没有钱的窘迫，有时没有钱甚至连尊严都没有。我们这代人，很多人勉强凑合地度过一生，该读书时没书读，该恋爱时没有轰轰烈烈地谈恋爱，该穿漂亮衣服的时候没有多少好看的衣服。假如真的能重新来过，我希望能多做自己喜欢的事，跟自己喜欢的人在一起。

何：**如果要对家人说一句话，你最想对他们说什么？**

曹：好好活着。

每天能心无挂碍，至夕阳西坠，已是最幸福。

访谈手记：

活着真好，珍惜每一天！

这是曹秀芳时常挂在嘴边的一句话。我想，这应该是她闯过数个鬼门关之后深深的领悟，简单而深刻。

著名作家史铁生在他的《病隙碎笔》中写过这样几句话："发烧了，才知道不发烧的日子多么清爽。咳嗽了，才体会不咳嗽的嗓子多么安详。刚坐上轮椅时，我老想，不能直立行走岂非把人的特点搞丢了？一时便觉天昏地暗。等到又生出褥疮，一连数日只能歪七扭八地躺着，才明白端坐着的日子其实多么明朗。后来又患上尿毒症，经常昏昏然不能思想，就更加怀恋起往日时光。终于醒悟：其实每时每刻我们都是幸运的，因为在任何灾难的面前都可能再加一个'更'字。"

珍惜每一天，趁时光尚好。

如果视力尚好，那就多看看青山绿水，多看看星辰大海、日出晚霞；如果听力尚好，那就聆听虫鸣鸟叫、雨打清荷，以及那天边的琴声、故乡的歌谣；如果味觉尚好，那就多尝尝大千世界的美食，品味深海虾蟹的鲜，尝试山间春笋的甜，或者，只是在街边拐角处煮一串牛杂，好好品尝妈妈做的那些家常菜；如果腿脚尚好，那就行遍千山万水，用脚步丈量这个世界的崎岖与美好。

趁时光尚好，珍惜每一个人。

珍惜身边人，珍惜年迈的父母和幼小的儿女，珍惜亲密的或不再亲密的爱人：年迈的父母有可能哪一天早上就不再醒来；幼小的儿女一眨眼就会长大成人，奔向他们自己的世界；而让人五味杂陈的爱人，交织着你最漫长的岁月，或许哪一天仅存的亲密也将随风飘散。

珍惜同路人，珍惜那些人生旅途上的知己，那些擦肩而过的笑脸：下一个旅程，我们或将四顾茫然，眼前尽是陌生而漠然的面孔。

趁时光尚好，好好活着，珍惜一切。因为我们不知道，未来是更好，抑或是更糟。

高度重视自己的身体，一有不舒服马上找医生，不拖延，不让病情恶化。

——刘季壮

生命的热忱

访谈对象：

刘季壮，男，1952 年生，广西第一个器官移植手术成功的男性，广西某医院肝移植肝友联谊会会长。

访谈时间：

2019 年 3 月 27 日

访谈故事：

刘季壮是我采访的第一个有着器官移植经历的“移友”（有过器官移植经历的病友）。之后，我陆陆续续又采访了全国各地有着器官移植经历的“移友”，大都得益于刘季壮直接或间接的引荐。

刘季壮是一个浑身散发着热情的人。初次见面，我驾车来到他家楼下，离约定时间还有 10 分钟，远远便看见他满脸笑容地等在那儿。刘季壮指挥我把车停好后，便把我带到他那间由杂物房改成的“会客室”，张罗着煮上他认为最好的咖啡。往后不同场合的几次见面，他都给我如沐春风的感觉。

若不是 2017 年因肺部感染切除了部分肺叶，导致他说话声音非常沙哑，单从他红润的面色、麻利的动作来看，刘季壮一点都不像是一位经历过肝移植大手术的年近 70 岁 的老人。

2000 年，肝硬化晚期的刘季壮徘徊在各大医院的门口，寻找着微弱的希望之光。有些医院的医生在了解到他的病情后，没说几句话就把他打发了，说“没治了，回去吧”。只是，人有着求生的本能，不到最后一刻，刘季壮哪肯认命？在遭受了一次次拒绝，希望一次次破灭之后，怀着残存的几分侥幸心理，刘季壮最后走进了某大医院的大门，这里的权威专家给了他一丝曙光：“你这个病要治只有一个办法，那就是换肝！”

换肝，在当时是许多人闻所未闻的事情。风险有多大？成功率有多少？做了以后能维持多久？没人能给出一个确切的答案。

不过，刘季壮没得选择。肝硬化晚期，他的身体已经变形，水肿得非常厉害。肝移植，是他最后的一根救命稻草。等待供体的日子漫长而煎熬，没人知道什么时候会有供体，也没人确保一定会有。刘季壮只能默默等待，在家靠注射白蛋白维持着生命，每天盯着墙上的时钟，看着指针嘀嗒嘀嗒一圈一圈地转动。每一个漫漫长夜，从夜色渐渐笼罩，到天空露出鱼肚白，刘季壮都不敢深睡，担心错过那个不知道什么时候会突然打来的，关系着他性命的来自医院的电话。

2001 年 4 月 17 日，刘季壮朝思暮想的电话铃声终于响起，有供体了，可以入院手术了。那时刘季壮的肝腹水已经非常严重了，手术前的几天里，医生从他肚子里抽出的腹水，足有 20 公斤！手术过后，刘季壮醒了过来，重新打量这个世界，努力地一遍一遍地看着那些之前看起来极为普通的物件——天花板、灯、墙、窗、被子、衣服……他一一反复确认。确认过后，刘季壮知道，他又活过来了！世界还是之前的世界，物还是原来的物，人还是原来的人，然而获得新生的刘季壮，第一次感受到这个世界是如此美好！

这里有一个小插曲：刘季壮术后一周，有位肝癌病人隔着病房的玻璃窗看到了躺在病床上的刘季壮，知道了他肝移植手术后还活着的消息，激动地对医生说："我也要手术！"

受刘季壮鼓舞的远非这一位病人。多年后，随着器官移植手术的普遍开展，越来越多本已被宣判"不治"的病人得以新生。那些刚刚接受器官移植手术，还没有从命运的重创中走出来，还在忐忑不安的人，一看到刘季壮，内心总是陡然增添许多信心与力量。刘季壮是他们继续走下去的灯塔，亦是他们期待超越的一座山峰——20 年生命长度的山峰！

（注：距离记者采访刘季壮两年后，2021 年 4 月 19 日，为刘季壮进行肝移植手术的医院肝胆外科病房里，举行了一场特殊的"生日会"，医务人员给刘季壮等三位病友庆祝"20 岁生日"，他们都是广西首批接受肝移植的病友，肝移植手术成功已有 20 年。）

访谈面对面

何恒清（以下简称“何”）：**加了微信好友后，我翻看了您发的朋友圈，看到这些年您去了不少地方，这让我很惊讶，您的身体吃得消吗？**

刘季壮（以下简称“刘”）：我现在的身体状况很好，前些年还爬上了云南的玉龙雪山。当时，站在白茫茫的雪山上，四处张望，非常激动，没想到死里逃生后还能有这样的机会，一时情不自禁掏出手机给我多年前的手术主刀医生彭民浩教授拨打了一个电话，跟他分享我那难以抑制的喜悦心情。

何：**听说您在手术后还参加过运动会，我都不敢想象。**

刘：这些年，我和一些“移友”去过武汉大学、同济大学、天津医科大学、杭州医科大学、北京大学，参加了好几届“中国器官移植受者运动会”。我们参加了跑步、乒乓球、游泳比赛，和常人一样。在赛场上，我们几乎都忘了，我们身上有部分器官是移植过来的。

何：**您现在的身体非常健康，您自己认为这主要得益于什么？**

刘：我是一个乐观主义者，每天乐呵呵的。第一，我认为心态要好，什么都要看得开，凡事不要斤斤计较；第二，这些年来我一直坚持游泳，几乎每天都游，基本没有间断过，有一年冬天还参加了冬泳邕江活动；第三，高度重视自己的身体，一有不舒服马上找医生，不拖延，不让病情恶化；第四，热爱生活。我喜欢自己做菜，喜欢吃什么菜，就琢磨着怎么把它做好，好好品尝。

何：**您认为自己此次患病跟什么有关？**

刘：一是喝酒，现在想起来，年轻时喝酒还是过多了，没有加以控制；二是我怀疑年轻时在企业做设备维护工时接触过一种叫作“三氯联苯”的有毒物质，然后防护工作又不到位。

何：**您是广西第一个器官移植成功的男性，当年别人看您的眼光有什么异样吗？**

刘：在那时候，器官移植的手术病例确实罕见。刚出院的时候，我走在人群中，看着周围的人，自己内心总有点自己属于另类人群的感觉，总觉得不自在，从不敢轻易跟人说自己身上移植了另一个人的肝脏，担心旁人投来怪异的目光。快 20 年过去了，现在好多了，社会对新事物的包容度越来越高，对器官移植也基本能够认可和接纳了。现在，捐献器官的人也一天比一天多起来了。在我心里，特别感谢那些捐献器官的人，没有他们的无私捐献，就没有我的第二次生命。这份天大的恩情，我将永远记在心里面。

何：**您害怕死亡吗？以前，现在。**

刘：这要从两个角度看：一方面，当我得知自己肝硬化晚期后，去过很多医院找医生看病，求生的欲望非常强烈，当时就是怕死嘛；另一方面，为我做手术的医生说，我是第一个自己要求做肝移植手术的，有些患者一听说要换肝就吓跑了。从这个角度来说，我又是勇敢的。

何：**经历过这件事情以后，您想明白了一些什么？还有什么愿望吗？**

刘：这次大病，手术、吃药花了很多钱，我把一套房子都卖了。这套房子是我父亲留下来的，按理说应该归兄弟几个共同所有。手术前，我把几个兄弟叫过来，请求他们同意把这房子卖了给我治病。兄弟们也都表现得很大度。

一场大病过后，经济上更紧张了，但是对于钱、对于很多物质的东西，心态上反而看淡了。就想着上天给了我第二次生命，能活到哪一天就算哪一天吧，都算赚了，也没有什么遗憾了！

我出生在 20 世纪 50 年代，那时候南宁的生活条件跟现在比是一个地一个天。现在的年轻人可能想象不出来，南宁几十年前路上跑的还是牛车、马车。现在不要说小汽车，连地铁都开通了。很快，5G 时代也来了。我这个老头子都很期待 5G 生活。我想争取活得更久一些，活得更久，就可以看到更美好的世界！

访谈手记：

大病过后，死里逃生，有的人惊魂未定从此萎靡不振，但也有人比以前活得更加通透。刘季壮无疑属于后者。

肝移植 20 年，如今面色红润，精神抖擞，能登雪山能冬泳，这种情况并不多见。我不知道这多大程度上得益于刘季壮当年手术的成功，多大程度上得益于他身体的底子，多大程度上得益于他后天的保健，多大程度上得益于他的性格和精神。

当我浏览着刘季壮这些年参加冬泳邕江的照片、参加中国移植运动会的照片、登上玉龙雪山的照片，想起见面时他那爽朗的笑声，想起他对美食的追求，瞬间涌上心头的是他感慨的那句话："热爱生活。"

一切似乎都有了答案。

一个人的生命长度，最终究竟取决于什么呢？这不是一个容易说得清的问题。有先天基因的影响，也与生活方式等后天因素有关。此外，还需要考虑医疗条件、生命中的机缘等。

除了这些，我想，一个人对生活的热爱，对这人世间的热爱，因为热爱所迸发出来的热情、活力，因为热爱所散发出来的精气神，或许更能拉长我们生命的长度，使我们不停地往前走。

走在路上，我总是希望能遇见那些对生命保持着极大热忱的人。

人一旦有了饥饿感，就开始想到病房外面的生活，怀念外面那些好吃的，香的辣的。

——梁丽莉

只要每天早上醒来，还能睁开眼睛

访谈对象：

梁丽莉（化名），女，20 世纪 80 年代出生，个体户。

访谈时间：

2019 年 7 月 25 日

访谈故事：

27 岁。如果要用一个词来描绘 27 岁，你会写下一个什么词呢？青春、恋爱、奋斗、健康、强壮、初为人母、初为人父、踌躇满志还是憧憬未来？

梁丽莉写下的是：脑出血。

2010 年，梁丽莉 27 岁，一种被认为是老年病的疾病——脑出血找上了她。

那是春节前夕，日子很特殊，梁丽莉记得很清楚。春节前夕的南宁，整座城市的空气中都洋溢着快要过年的喜庆气氛。每一个节假日，总有人赶着千里相聚共度佳节，也总有人为了生计在抓紧时间多做买卖，而梁丽莉属于后者。那一年，在城市广场的临时年货展销市场上，梁丽莉租了个摊位卖年货，想趁着年前有限的几天时间赚一点过年的钱。她全然没有想到，一场厄运，正悄然向她逼近。

当晚 10 点多，在年货摊上忙碌了一天后，梁丽莉骑着自行车穿过万家灯火，归心似箭地往家赶。路上，她隐约感觉到脖子后面开始僵硬起来，活动不太方便了，她以为只是白天过度劳累，回去休息一会儿就没事了。她坚持骑自行车回到家，刚躺下没多久，便感觉头部一阵阵剧痛，整个人昏迷了过去。

万幸的是，梁丽莉的家人发现了她的异常，赶紧拨打了 120 急救电话。很快，梁丽莉就被疾驰而来的救护车送到了离家最近的一家医院。做 CT 一查，脑出血，医院随即下发了病危通知书。医院值班医生对梁丽莉的家人说，这女孩即使活下来，很可能也会留下后遗症，甚至残疾。

梁丽莉的家人经多方努力，终于在凌晨三点多把梁丽莉转到了一家医疗条件相对较好的省级医院，并请来主刀医生连夜进行手术抢救。

访谈面对面

何恒清（以下简称“何”）：**当身体还健康时，你过的是一种什么样的生活？那时比较在乎的是什么？**

梁丽莉（以下简称“梁”）：脑出血之前，觉得自己还很年轻，生活得很任性，吃香的喝辣的，什么重口味的麻辣烫、烧烤，都无所顾忌，有时出去玩，玩到凌晨一两点钟也都是常有的事。

那时还在租房子住，最大的目标就是在这个城市拥有一套属于自己的房子。那时从来没想过健康问题，更没想到年轻的自己身体会出问题。

何：**躺在病床上的时光是不是很难熬？**

梁：做完手术从ICU病房转到普通病房后，有好长一段时间我都是躺在床上，需要家人喂着进餐，搀扶着走。有一天，我慢慢能自己走了，就一个人走到卫生间，无意间抬头看到镜子，看到一个头发被剃得光光的面色苍白的人，天哪，那就是我！看到自己的那副模样，我忍不住蹲在卫生间里号啕大哭起来，哭得撕心裂肺、歇斯底里。看到我哭得这样伤心，妈妈也禁不住眼泪哗哗地掉，跟着我一起哭。当天晚上，妈妈一粒米都没吃。

看到妈妈为我这样难过，也就是在那晚之后，我暗下决心，一定要好好养病，一定要好好活着，不能再让母亲担忧。想到自己之前曾经升起过轻生的念头，心里非常愧疚。

何：你曾经产生过轻生的念头？

梁：那是手术过后刚醒过来的时候。我睁开眼睛，发现自己躺在 ICU 的病床上，手和脚都被绑住，一动不能动。开始那几天，看着护士在身旁自由地走来走去，自己却浑身动弹不得且头痛欲裂，一度接受不了这个现实，好几次想砸掉输液瓶自杀。好在，慢慢过了几天，身体没那么难受了，肚子逐渐有了饥饿感。也是奇怪，人一旦有了饥饿感，就开始想到病房外面的生活，怀念外面那些好吃的，香的辣的。一旦恢复了对美食的渴望，自杀的念头就渐渐变弱了，求生的欲望就变得越来越强烈。

何：大难不死之后，你比较在乎的是什么？

梁：大病之后，与人争执少了，很多东西也不太计较了，一切都看开了。心里想，说不定哪一天就死了，还计较那么多干吗。

何：回忆过往的生活，最美好的时光是什么样的？

梁：最美好的时光就是跟孩子在一起相处的时光。我得病时孩子才 3 岁，还很小，那时总想着能有多些时间陪伴他。能跟孩子在一起，感觉就是世界上最幸福的事。我总是禁不住地想，如果当时我没能被抢救过来，走了，那我的孩子就没有妈妈了。没有妈的孩子多么可怜啊！

何：你这一辈子有哪些遗憾？假如人生能重新来过，你将如何开启你的人生？

梁：我小时候没有好好读书，得过且过，后来为了生活只能四处奔波，要比别人辛苦很多倍才能赚到一些钱维持生活。有时我也会忍不住想，如果小时候好好读书，考上好的大学，那现在就不用那么辛劳了。正是因为太辛劳了，才引发了这个病。

何：**接下来的生活，你有什么目标和愿望想要实现呢？**

梁：想周游世界，吃遍天下美食。唉，不过，梦想很美好，想实现就没那么容易了。还是跟你透露吧，可能你都不相信，直到今天，我都没有买医保、社保，前两年是想买的，这样以后的生活也有些保障，但是我老公患有糖尿病，需要长期打针吃药，经济状况不好。他也不太愿意帮我买。

何：**经历过这件事情以后，你活明白了吗？**

梁：以前总是想着要有房有车呀。现在，只要每天早上醒来，还能睁开眼睛，就很满足了。

访谈手记：

在整理这篇采访稿的时候，好几次，我都不由自主地停了下来，想象梁丽莉在这座城市的万家灯火中骑着自行车穿行回家的画面——在这样的场景中，我依稀看到了自己年轻时候一些朋友的身影。很多年前，我们都还年轻，在大学勤工俭学兼职打工的时候，抑或是刚刚毕业走出校门四处碰壁的时候，身边的好些朋友也是这样，在灯火闪烁中骑着自行车穿行于这座城市的大街小巷，不管有收获还是没有收获，不管遭遇冷脸还是笑脸。记得有个朋友，晚上回家的路上，自行车的车胎漏气了，他身上却连5毛钱补轮胎的钱都没有，只好在暗夜中独自推着漏了气的自行车走了十来公里才回到自己租住的房子。

人生如牌局，有的人一开局就拿到一手好牌，有的人却拿到一手烂牌。

有的人一出生就含着金汤匙，一辈子锦衣玉食、顺风顺水，重点小学、重点中学、重点大学一路通关，大学一毕业就有理想的工作岗位、可观的薪酬、可期的未来。

然而，芸芸众生，更多的人是一辈子都在摸爬滚打，一辈子都在人海中随波沉浮，一辈子都在努力再努力、坚持再坚持，甚至，一辈子都在苦苦挣扎。

我曾在农村看见80多岁的老人还在地里劳作，肩上背着比他的身体要庞大得多的杂草，一个人蹲在屋子前架起锅头生火做饭；我也曾看见在繁华都市的废弃厂房中，几十个民工挤在地板上睡大通铺，共用一个卫生间。在我认识的人当中，有10多岁初中未毕业就出外务工，至今50岁出头仍孑然一身，长年奔波于各个大小工地揽活的。

这个世界，有人在追求奢侈生活，有人在追求功成名就，有人在追求人生价值的实现，而有些人，只是在追求——活着。仅仅是为了活着，就要费尽所有的力气。

如果努力换来的只是平平淡淡，只是普普通通，那也还好。假如命运多舛，疾病灾难无情地降落在头上，或者更甚，人生刚刚拉开序幕，美好的畅想尚未来得及铺开，厄运就悄然降临。我们如何是好？是抱怨，是愤怒，是颓废，还是一蹶不振？或是，痛苦过后变得从容，挣扎过后选择接受，风雨过后趋于坦然？或是，只要求明早醒来还能睁开眼睛？

牌局一旦开始，谁都不能轻易离场，我们总要完成属于自己的那一局。

我们终究要摸爬滚打到最后一刻，并且要争取在最后一刻，回望来路，脸上布满笑容。

在我们的一生中，总是因为急于赶路，错过了无数美好。

生死十记 · Ⅳ

静候一朵花开

此时此刻，你在这里。而我，正好经过。花未全开月未圆，那是最美的境界。

那好吧，那我就静候，一朵花的盛开。

我们终将死去。在生之前，是无边的黑夜，在死之后，亦将是无边的黑夜。那要急着赶去哪里呢？不如，在此静候，一朵花的盛开。

静候一朵花开，是需要耐心的。花有自己的时间表，不紧不慢，不赶不争，由里而外，一片花瓣触动另一片花瓣。时间到了，自会绽放——不管有没有人路过，有没有人欣赏。

万籁俱寂。

此时此刻我驻足于此，凝视一朵花。在这当下，时间仿佛静止，世界仿佛静止。在这静止的时间与空间里，只有一朵花，一朵绽放着的花。此时此刻，一朵花是全世界，全世界亦是一朵花。所有的一切，因一朵花而美好。

此时此刻，是大自然的一朵花在盛开，亦是一个人的心在打开。诚如王阳明所言：你未看此花时，此花与汝心同归于寂。你来看此花时，则此花颜色一时明白起来。便知此花不在你的心外。

花朵自顾自地开放。我终不免发现，在这一朵花的旁边，其实，也还是有着其他的花，而众花的周边，也还是有着层层绿叶簇拥。由此展望过去，四周花草丛生，肆意生长，绿树成荫，天空白云悠悠。在这发现的瞬间，我猛然回想，此前，在我们眼中的常常只有一片片一丛丛的花，我们似乎忽略了一朵花的独立存在，一朵花的独自盛开。

花朵自顾自地开放。我也终不免回过神，我依然要前行。前方有人，在呼唤；前方的路，要继续走下去；前方的林林总总，还在等待着我。前行的路上，还会有更多的鲜花开放，公园里的郁金香、池塘边的睡莲、岩石缝中的兰花、丛林里的山牡丹，还有那草地上的无名小花……我知道，我终将一一遇上。

一次花开，一次美好。静候一朵花开，静待一次美好。在我们的一生中，总是因为急于赶路，错过了无数美好。

如果有一天，你行驶在下班的路上，天边晚霞色彩斑斓、绚丽夺目，布满了整个天空，恰好你不急着赶路，不妨把车窗摇下，甚至把车停在路旁，看那光影流动、云卷云舒，直至天色黯淡；如果有一天，与人围坐茶台，恰好你不急着说话，不妨静静地注视杯中那一片片卷曲的茶叶，看它们在沸水中翻滚、沉浮、舒展，直至完全打开，清晰呈现出它们的脉络纹路，它们生命的本来面目。

如果，还能够有那么一些时候——早上赶着去上班时，你的孩子张开双臂朝你飞奔而来；分别时，你的爱人欲言又止；离开老家时，你的父母再次叮嘱一些反复交代过的话语——请你，请你稍稍停驻。

放慢脚步，慢下来，细细品味手上的这碗白米饭，吃出甘甜，吃出阳光的味道；慢下来，静静听一声声蛙鸣，回到过去，回到小时候的无忧无虑；慢下来，在路人灿烂的微笑中，感受那份友好和善意；慢下来，看小鸟掠过长空，消失在远方，看鱼儿跃出水面，水波一圈圈扩散；慢下来，在阳台眺望夕阳残照，看风云变幻，看转瞬即逝；慢下来，翻一本闲书，与一位老者闲聊……

放慢脚步吧，于细微处体会一些美好，静候一些美好。

不然，要急着赶往哪里去呢？

Chapter3

第三辑

感谢这一生

与你相遇

你来了，

这世界就有了你的脚印；

你看到了，

世界就在你的眼里。

世界在你的眼里，

就谁也抹不掉，

再也抹不掉。

生死十记·V

感谢这一生与你相遇

相遇，是一种奇妙的缘分。茫茫人海之中，只是与你相遇；无尽的时间长河中，恰好遇见你。

佛于是把我化作一棵树 / 长在你必经的路旁 / 阳光下慎重地开满了花 / 朵朵都是我前世的盼望 //

当你走近，请你细听 / 那颤抖的叶是我等待的热情 / 而当你终于无视地走过 / 在你身后落了一地的 / 朋友啊，那不是花瓣 / 是我凋零的心 //

这是席慕蓉的相遇。

而一位香港电台知名主持人在写给儿子的信中有这样一句话:“亲人只有一次的缘分，无论这辈子我和你还会相处多久，也请好好珍惜共聚的时光，下辈子，无论爱与不爱，都不会再见。”

这一生，就是不断地相遇和告别。和大学同学相遇，与中学同学告别；和陌生人相遇，与曾经相恋的人告别；和新生的孩子们相遇，与老去的长辈告别。

和他乡相遇，与故乡告别。和今天相遇，与昨天告别。

一一相遇，一一告别。

在这个陌生的世界里，我们每一个人，独自来又将独自去。来之前，是无尽的黑夜；去之后，亦是无尽的黑夜。在这来去之间，路途漫漫，前不见古人，后不见来者。念天地之悠悠，总不免独怆然而涕下。感谢那些相遇的人，我们得以有家、有温暖、有欢笑、有牵挂，有最后的退路和城堡；因为那些相互温暖，我们没有感到孤单和寂寞、无助与彷徨——即使一路坑坑洼洼，一路磕磕碰碰，一路跌跌撞撞。

每一次相遇，都是最好的安排。每一次相遇，都是唯一的印记。幼时玩伴的记忆刻画着我们的童年，少年同学的青春画册里记录着我们的青涩与张扬。如果还有三五个知己，从牙牙学语到斑斑白头都一路相随，那更是难得，那意味着长长的数十年，呼朋唤友时有人应和，无聊时有人搭话，苦闷时有人倾听，得意时有人举杯同欢，至暗时刻有人慰藉。当然，还有陈年糗事也会被不时提起。

每一次相遇，都是最好的安排。不管当时是敌是友，三人行，必有我师，师之，则长之。所以也要感恩遇见那些对我们不是那么友好，甚至曾针对过我们的人，他们的存在让我们快速成长，让我们明白这世上不只有拥抱和春风，还有陷阱和凛冽；他们的存在让我们清醒，我们不是人民币，不可能所有的人都会笑迎。

感恩相遇——相对于这亿万年生长着的宇宙，地球微小如尘埃，人生几十年如露亦如电，而我们竟然能够相遇于一座城市、一条街道、一栋楼宇。我们竟然沐浴过同一缕阳光，头顶过同一轮月亮，遥望过同一群大雁的南飞。

感恩相遇——感恩有人陪伴我们一起演完这一场人生大戏。感谢主角，感谢配角，感谢那些出彩或不出彩的路人；感谢观众，无论是鼓掌的还是喝倒彩的，无论是全场看完的还是中途离席的。无论是嬉笑怒骂，还是悲欢离合；无论是无怨无悔，还是抱憾终身；无论是假戏真做，还是真戏假做。

目送的背影，总会消失在路的尽头；牵着的手，总有松开的那一天。

这一生，就是一次次地相互告别。

在这热闹而又清冷的世间啊，如果有幸相遇，无论最终是爱是恨，是相濡以沫还是相忘于江湖，是甜蜜的记忆还是苦涩的回味；不管是在乡下的烂泥塘，还是在高空的飞机上；不管是在宁静的校园，还是在嘈杂的街头，都请说一声：感谢，与你相遇！

正是这一次次的相遇，使我们的人生有了色彩。正是这一次次的相遇，累加成了我们完整的一生。

帷幕徐徐拉上，曲终人散。要感谢这一生所有的相遇，要感恩这大地上的一切啊。

一切都是恩赐。

很多时候，当心理压力没有释放时，再好的营养补充，再好的医疗救治，作用都是有限的。

——韦思瑜

如果有一天你感觉到心累了

访谈对象：

韦思瑜（化名），女，1972 年生，曾是广西柳州市某银行干部。

访谈时间：

2019 年 8 月 23 日

访谈故事：

8 月的柳州，一轮骄阳挂在上空，烤得地面上的一切都在发烫。

韦思瑜告诉我，在过来见我的路上，她遇到了一位相熟的老大姐，老大姐问她大热天的出去干什么。韦思瑜实话实说，说要去接受一个采访，聊一聊自己当年那场大病以及一路走来的心路历程。心直口快的老大姐脱口而出："那些事情好不容易都过去了，干吗还要再去提呢？"

是啊，为什么还要去提及那段痛苦的经历，把那已经愈合的伤疤再度撕裂呢？

韦思瑜如是说："想想我曾经历过的种种焦虑、惶恐与不安，想想那些正受着煎熬，正在死亡的阴影下战栗的朋友，我觉得，好不容易走过来的我，应该分享自己的经验，给他们带去微光和希望。"

"让别人有希望，也是一件善事。"顿了顿，她又补充道。

韦思瑜家有姐妹仨，责任和压力让她从小就比较懂事。大学一毕业，韦思瑜就进入一家银行工作，工作时间不长就走上了部门负责人的岗位。相比老家那些为了生计而四处奔波遭受种种困厄的街坊邻居，韦思瑜凭借自己的努力在城市扎根，给孩子、老人提供优越的生活条件，这让父母很是自豪。

然而生活并不总是一帆风顺。2010 年 6 月，韦思瑜时常不由自主地咳嗽，而且只要身体一躺下来就马上开始咳，一直咳个不停。刚开始，医生误以为是她的肺部出了问题。历经数次检查和反复诊治，最终确诊为纵隔淋巴瘤——在心脏和肺部之间的隔，长着一个手掌那么大的肿瘤。由于肿瘤长的位置非常特殊，包裹、压迫着动脉血管，经过上海等地的权威专家会诊后，医院最终明确，这个位置做不了手术，只能依靠化疗、放疗来进行治疗。随后的 7 个月里，韦思瑜做了 6 次化疗、30 多次放疗。

有朋友问，是什么支撑着她熬过那么多次的化疗、放疗。韦思瑜说，每次走进医院，走进病房，其实内心都很受煎熬，有忐忑、有恐惧，但是每一次，也都有期待。一次次，韦思瑜在心里给自己打气：“我的生命不会那么快就终结的，老天不会那么轻易让我离开的。”

韦思瑜认为，求生的愿望够强烈，心里有期盼，就会增加信心。她每天都充满信心地去面对一切——即使心里没底，也要装作很有信心的样子。

2019 年清明节，身体已经康复的韦思瑜回老家扫墓。在与一个堂弟闲聊时她才无意得知，当年的主管医生告诉她母亲，韦思瑜被确诊为纵隔淋巴瘤Ⅲ期。这么多年，韦思瑜第一次知道自己的真实病情。之前她一直以为自己患的纵隔淋巴瘤是早期的，还不算太严重。

可怜天下父母心，2010 年到 2019 年，从发病确诊到康复，母亲瞒了韦思瑜整整 9 年。在与病魔搏斗的那些日子，韦思瑜很清楚自己的心理压力有多大，她不敢想象，深知她病情的凶险而又只能独守秘密的母亲，内心该是何等煎熬！那必将是十倍甚至百倍于她的痛苦啊！

访谈面对面

何恒清（以下简称“何”）：**你身体还比较健康的时候，过的是一种怎样的生活？**

韦思瑜（以下简称“韦”）：从日常生活来讲，作息不规律，饮食也不注意节制，随着喜好去吃，一米六的个头，体重曾高达 170 斤。此外就是性格比较好强，有了压力也不懂得释放，之前在银行网点做主任，工作压力非常大，但都是一个人扛着。那时对工作比较上心，对自身健康反而忽略。其实，早在犯病前几年，2008 年，才 36 岁的时候，我就是一名高血压患者了，高压高达 160—170mmHg，只是当时我也没有很在意。

何：**你现在过的是一种什么样的生活？**

韦：这些年感觉像得到重生一样，对生活重新进行调整，心态、生活方式、饮食习惯等，不利于健康的都想办法调整过来。以前，同事们评价我，都会说“非常优秀、非常拼”——潜台词其实也可能是有些强势。现在朋友们见到我，都说我柔和了许多。特别是我的女儿，说我现在变得更容易亲近了。我想这是对我最好的赞美。

何：**此次患病，你有没有分析过主要跟什么因素有关？**

韦：在纵隔这个地方长肿瘤，按医生的说法是郁结。从我个人来讲，应该跟我没有处理好和前夫的关系有着很大的关系。在很长的一段时间里，我和前夫的关系处于一种对抗、赌气、愤怒的状态。两人之间没有很好地进行沟通交流，由于好面子，我也没有找亲戚朋友倾诉我的烦恼。现在回头想想，在婚姻中，一味责怪对方，没有用，夫妻双方都要有反省之心。而我最终能够康复，我想也是因为意识到夫妻之间长时间的对抗对自己造成伤害后，把这种关系淡化处理，放下包袱了。

何：**当你躺在病床上，面临死亡的威胁时，想得最多的是什么？你是怎样度过那段艰难时光的？**

韦：我犯病的那年，女儿刚好10岁，正是对什么事情都似懂非懂的年龄。我当时想得最多的是，作为一名母亲，如何能够继续陪伴女儿。我想陪着我的女儿成长，就是这种强烈的求生欲，支撑着我渡过一个又一个难关。有些人本来也可以活下来，但他们的求生欲可能没我那么强烈。

何：**你现在看起来气色很好，在一定意义上说，你战胜了疾病，有什么经验可以跟大家分享吗？**

韦：现在很多人，特别是年轻人，面对疾病，是没有做好准备的。没病时，总觉得疾病离自己很遥远，不把自己的身体当回事；当疾病来了，又很惶恐，搞不清楚自己为什么会生病，不知道如何去面对，一下就垮了。

我身边患癌症的病友其实不算少，他们患病后大都非常害怕，不知道还有没有机会康复，有没有机会活下来。这时，心理因素是非常重要的。很多时候，当心理压力没有释放时，再好的营养补充，再好的医疗救治，作用都是有限的。

何：**你害怕死亡吗？**

韦：生病那时非常惧怕。以前非常忌讳"死亡"这个词，也不敢想。现在经历过了，（发现）也就这样，也坦然了。现在偶尔会想，如果有一天死了，那后事该怎么处理，骨灰如何安葬，等等。人一旦过了那个坎，其实也就没什么了。

何：**回忆一生中最美好的时光，都有哪些？**

韦：最美好的时光就是上大学以及刚刚开始工作的时候。那时没有什么竞争，同事关系也不复杂。

何：**未来你还有什么目标，有什么愿望特别想实现呢？**

韦：能够健健康康地活着，能够陪伴在父母、孩子身边，就很好。

何：**你这辈子有哪些遗憾？假如能重新来过，你将如何开启你的人生？**

韦：要说遗憾，那就是夫妻关系没有处理好吧。现在终于明白，婚姻或者家庭，是需要经营需要智慧的。有些人不需要付出多少代价就能想明白，有些人则需要付出很大的代价后才能想明白。假如人生真能重来，在这方面我会争取做得更好。

何：**与死神擦肩而过以后，你想明白了一些什么？**

韦：大病之前，追逐利益，想尽量给孩子提供更好的生活条件。后来才明白，孩子根本不需要那么多，特别是物质方面的，孩子只需要你陪伴在她身边就好。大病之前，太在乎结果，忽略了过程，忽略了身边触手可及的生活。大病之前，太在乎别人的看法，自己内心需要什么却不是很清楚。大病之后，现在做事更注重的是自己的感受，什么事情能让自己感到轻松，什么事情能让自己感觉到平静，就去做什么。我想，有没有宏远的人生目标并不重要，是否能感知内心想要的东西却很重要。

何：**如果以一个经历过生死的过来人身份，跟身边的朋友说一句话，你最想对他们说什么？**

韦：很多时候，我们总是戴着太多的面具，背负着太多本不该背负的东西。就像我，总想在孩子和父母面前展现能干、优秀的一面，不愿意承认自己的任何失败，即使婚姻到了很糟糕的时候（也不愿面对）。我生病之前，总是感觉到心累。我想对朋友们说的是，如果有一天你感觉到心累了，那么请你一定要尽快调整，不管是工作，还是生活。

访谈手记：

谈患病经历，谈心路历程，韦思瑜比较喜欢谈“心”。

谈到为什么要接受采访，她说因为发自善心，要帮助那些正在饱受煎熬的人。

谈到如何渡过难关，她说一定要给自己信心，如果没有信心，也要假装有。

谈到病因，谈到夫妻关系，她说要有反省之心，一味责怪对方，没有用。确实，纵然全都是对方的错，要做的也是解决问题——婚姻终究不是为了分清对错。

我认识一对小夫妻，刚结婚不到三个月就离婚了。谈恋爱时，双方都活在幻境之中，玫瑰花、巧克力、电影院、烛光晚餐、公园，你侬我侬。一旦结婚了，每天直面一日三餐，柴米油盐，洗衣扫地，这才发现对方的种种不是，发现卫生习惯、生活习惯等方面的不合拍。接下来便是互相指责，都想着要改变对方。只是，这一切都是徒劳。最终，只能一拍两散。

成年人，哪有那么容易被人改变。既然改变不了别人，那就试着改变自己吧。婚姻如此，职场如此，一切人与人的交往皆是如此。在这欲望弥漫的人世间生活，既然改变不了这个世界，那就只能改变自己。既然这世间没有净土，那就只好让自己静心。既然向外求解决不了问题，那就向内求。

向内求，回归初心，回到本原。

经历此次生死大难，韦思瑜说，这些年怨气少了，内心渐渐平静了，自己的“心”成长了。

“心”成长，则如获重生。

不断重生，不断蜕变，我们终将遇见最美的自己。

当时如果自己熬不过去，死了，现在财产什么的都是别人的了。

——马柳芳

放下怨恨，即是放过自己

访谈对象：

马柳芳（化名），女，20 世纪 60 年代出生，曾是金融系统干部。

访谈时间：

2019 年 7 月 1 日

访谈故事：

在过往的许多年里，马柳芳的人生称得上顺风顺水。大专院校毕业后，马柳芳就被分配到 Z 市的金融单位工作，工资福利待遇都令人羡慕。后来，她还被提拔为中层干部，大小也算是个领导。与此同时，马柳芳还和丈夫在外投资各种生意，诸如物流运输、煤矿经营等，嗅到哪个行业赚钱就闯入哪个行业。随着事业的风生水起以及财富的日渐积累，马柳芳和丈夫购买了一栋漂亮的别墅，早于这个城市的绝大多数人，率先过上了有别墅的生活。那些日子，马柳芳走到哪里都感觉春风拂面。马柳芳一度以为，前路都将是鲜花铺展。

可惜，这样的日子，随着她丈夫的外遇戛然而止。

夫妻俩展开了漫长的离婚拉锯及财产争夺大战。这是一场没有硝烟的战争。那些日子，白天还好，上班忙忙碌碌，时间很快就过去了，而晚上的漫漫长夜，对马柳芳来说就是异常痛苦的煎熬了，每天晚上都难以入眠。马柳芳只能靠熬夜看韩剧度过，一集接着一集，一直熬到天亮。这样心力交瘁地熬着，没多久，马柳芳的一头青丝就变成了满头白发。更让人难过的是，不到一年时间，2007 年 3 月，身心遭受摧残的马柳芳在做常规体检时检出了宫颈癌。

婚姻刚刚遭逢变故，病魔又无情袭来，这个消息对马柳芳来说无疑是晴天霹雳。而此时，她才 40 多岁，还没有从母亲患肺癌去世的阴影中走出来。母亲去世前枯瘦如柴的身影和遭受痛苦的情景不时在她脑海中浮现，令她既难过又恐惧。

马柳芳跑遍了 Z 市所有的三甲医院，一家一家去复查，期盼有医生看着检查报告对她说：这不是癌，之前的都是误诊！除了 Z 市的各大医院，马柳芳还专门托姐姐把标本送到广西某肿瘤医院检测。遗憾的是，没有任何侥幸，所有专家一致判定：宫颈癌。

所求愈少，所获愈多。

愿意也好不愿意也罢，马柳芳最终还是接受了现实，老老实实听从医生的建议进行手术。手术后一出院，马柳芳立马就辞掉了金融单位的工作。有人说，那么好的单位，那么好的职位，不干了，怎么舍得？马柳芳说，这时钱已经不重要了，命重要。

时隔多年，回过头看，马柳芳说：“如果当时没有辞掉工作，按原来快节奏高强度的状态继续工作，估计现在我已经不在人世了。”

辞掉工作后，马柳芳一门心思就想着怎么活下去。休养了一段时间后，她竞聘到了一家健康管理公司工作——与其说在那工作，还不如说是在给自己补上一门健康课：学习如何科学营养地搭配饮食，学习怎么提高身体免疫力，学习如何进行健康管理。马柳芳之前在金融单位努力工作是为了赚钱，现在拼命学习那些从来没有接触过的健康概念，则是为了活命。

“赚钱”和“活命”，往往只有在这两者发生正面冲突后，我们才会去考虑取舍，我们最需要的到底是哪一样。

访谈面对面

何恒清（以下简称“何”）：**你是怎样度过患病初期那段艰难时光的？**

马柳芳（以下简称“马”）：我动手术住院时，在闹离婚但还没离成，丈夫一次都没来看望，连表面上虚情假意的关心都没有，更谈不上护理了。是女儿以及家里兄弟姐妹的爱，支撑着我度过了那段艰难的日子。女儿原来是做生意的，知道我住院手术，她当即关掉店面丢下生意，朝夕守护在我身边。我有一个姐姐是医生，也专门请长假来陪着我。如果没有女儿以及兄弟姐妹的关爱，我想，我很难熬过那段日子。

何：**你恨过你丈夫吗？**

马：肯定恨呀，怨恨交加。我们夫妻一同辛辛苦苦打拼十几二十年，有钱了，他却另寻新欢。这事放在哪个女人身上能不恨啊！

何：**因为闹离婚，因为怨恨，因为坏心情，导致生活和身体都出现了问题，你认为值吗？**

马：不值。只是，在当时哪会想那么多？当时，我的愤怒足以毁灭一切，包括我自己。

何：**时隔多年，你放下了吗？**

马：早就放下了。世上的事，除了生死，其他都不是事。现在的我就是这样认为的。一晃12年过去了，我的女儿也已经结婚了，并且生了两个可爱的孩子，一男一女。当年生死未卜时，我根本没想到有一天自己还能享受含饴弄孙的天伦之乐。现在坐在这里讲，好像是在讲一个故事，可是在当年，对于当年的自己来说，那可是一个天大的“事故”，天崩地裂。现在想想，如果当时自己挺不过来，就不会有今天的这一切了。

何：**现在过的是一种什么样的生活？**

马：现在呢，我非常注重身体的保养，尽量按健康四要素，即愉快心情、充足睡眠、适当运动、均衡营养的要求来安排日常生活。心情方面，现在经常参加各种令自己开心的活动，尽量避免一个人闷闷不乐待在家，无所事事就会东想西想；睡眠方面，每天保证 8 小时睡眠，晚上 11 点之前准时入睡——以前基本是 12 点钟之后才入睡；运动方面，每天都要保证步行 5000 步以上；营养方面，每天早上都会制作一份营养早餐：先把一个鸡蛋、一把黄豆煮熟，再加入水果块、一勺蛋白粉，用搅拌机打好，一杯营养液就制作好了。除此之外，远离那些垃圾食品，比如烧烤类、煎炸类食品等。

何：**经历过这个事情以后，你想明白了一些什么？**

马：钱不是万能的，健康才是一切。没有健康，一切都是零。现在想想，当时如果自己熬不过去，死了，现在财产什么的都是别人的了，别的女人就可以大摇大摆地直接住进我的别墅了。这是我无论如何都不能接受的。

何：**到目前为止，你做过最值得骄傲、最引以为豪的事情是什么？**

马：跳出龙门，考上大专院校。20 世纪 80 年代，在农村，考上大学很不容易，是可以改变人的一生的，从前面朝黄土背朝天，一手一脚都是泥巴的生活和后来衣着光鲜的生活有着天壤之别，这是我一生中最骄傲的事情。

何：**假如人生重新来过，你打算怎么过？**

马：如果重新选择，再遇到突发的变故，无论如何，都要想办法释放压力，学会放下，学会找朋友分担，不会再钻牛角尖，不会再什么都自己一个人扛，不会整夜不睡觉，不会让负面情绪把自己摧毁。

访谈手记：

怨恨是一把刀，如果把它握在手里，迟早有一天会把我们自己刺得遍体鳞伤。有的人能够转身就把这把刀扔了，扔得远远的，然后回头大步往前走；有的人却一直放不下，把这把刀紧紧地攥在手里，直到把自己刺得千疮百孔伤痕累累。

放下怨恨，放下这把刀，即使我们占尽所有的理，即使全是对方的错，即使我们要恨的那个人，确实有一千个理由可以去怨恨。

放下怨恨，不为别的，只为，放过我们自己。

放我们自己一条生路。

现在我想明白了，一个健康的妈妈，才是女儿真正需要的。

——黄珍萍

生命中的善缘

访谈对象：

黄珍萍，女，1972 年生，新闻媒体从业者。

访谈时间：

2019 年 1 月 8 日

访谈故事：

很多时候，我们不得不感叹命运的无常。

当你以为一切风平浪静，那些悲欢离合、那些痛哭流涕都是旁人的遭遇，当你以为可以平平淡淡一辈子无灾无病地老去，忽地一个巨浪卷来就打得你猝不及防人仰马翻；当你以为糟糕透顶，跌入深渊谷底，却因为种种因缘，有一双双手，从四面八方伸过来，拧成一股绳紧紧地把你拉拽上岸，让你不得不感恩那些生命中的奇妙善缘。

黄珍萍就经历了这样一番世事无常和奇妙善缘。

黄珍萍是一名媒体记者。因工作的关系，黄珍萍经常跑医院采访。在采访报道的过程中，听说过各种罕见的疑难杂症，了解过各类病患的伤痛和辛酸，体验过不忍，产生过悲悯，感叹过爱莫能助，但那终究也只是别人的遭遇。黄珍萍万万没想到，有一天一种罕见而她闻所未闻的疾病——急性脊髓炎会突然来“敲门”，而她，则由一名采访者，变成一名患者。

如今，已经康复的黄珍萍谈及此事，谈及生命中的无常，仍然心有余悸、后怕不已，一再感恩生命中结下的善缘。黄珍萍说，这次患病，她万分庆幸遇到了好几位贵人，这几位贵人在关键的时间、关键的节点对她施以援手，她才幸运地逃过一劫，没有瘫痪在床甚至更糟。

时间回到 2017 年 7 月 15 日上午。这一天是周六，黄珍萍突然感觉腿部麻木，但也没有很在意。当时她正在某三甲医院采访，于是趁工作之便找到该院骨科医生廖主任诊治。这位廖主任，便是黄珍萍时时刻刻念及的第一位贵人。正是这位廖主任，在初步排除骨科关节方面的可能后，当即建议黄珍萍去做 CT 检查，在 CT 检查结果看不出什么问题后，仍然极力要求黄珍萍尽快去做核磁共振检查，叮嘱她“一刻不能耽误”。在核磁共振检查结果显示不出有什么问题时，他依旧坚持“多管闲事”，帮忙联系了同一医院的神经内科医生张主任，让黄珍萍前去问诊。

作为一名初诊医生，在遇到这种超越自己学科范围的患者时，正常情况一般是建议患者转去其他相应科室就诊就可以了。可廖主任并没有按常规处理，而是一次次地“多管闲事”，在一次次检查结果还没有显示疾病端倪的情况下，仍然坚持一个医生的直觉和判断——黄珍萍很可能患上了棘手的神经方面的疾病。正是廖主任的“多管闲事”和一再坚持，为黄珍萍赢得了弥足珍贵的救治时间。

第二位贵人，便是与廖主任同属一家医院的神经内科张主任。周六下午，原本不上班的张主任在接到廖主任的电话后，特意丢下手中的事从外面赶回医院，为黄珍萍看病。

接下来，黄珍萍心中的第三位贵人——G省中医医院神经科的古主任登场。周六晚上，通过张主任的诊断已经大致知道自己病情的黄珍萍，开始在网上搜索关于急性脊髓炎的种种资讯。不查还好，越查越心惊胆战。在得知该病延误治疗的严重后果（治疗不及时会导致瘫痪或死亡）后，黄珍萍立即拨通了她曾经采访过的古主任的电话，恳请他在周日的时候帮忙看看。

古主任和张主任的判断一致，也认为黄珍萍罹患的是脊髓炎，但也和张主任提出了一样的建议：等到周一做完腰穿检查，结果出来最终确诊以后才能做激素冲击治疗。已经详细了解脊髓炎疾病严重性的黄珍萍，当即向古主任提出一个大胆的请求：当天做治疗，一切后果由自己承担。在黄珍萍的极力请求下，古主任冒着风险为她安排了治疗。

此外，还有第四位贵人，G省中医医院神经内科的梁医生，她用自己擅长的针灸治疗方法，帮助黄珍萍在后期的康复治疗中得以很好地康复。

第五位贵人，G省某三甲医院的办公室负责人覃先生，他为黄珍萍最初的各种检查提供了种种方便。

黄珍萍生命中的这几位贵人，在她与凶险疾病进行生死赛跑的过程中，接力助跑，为疾病的发现、检查、确诊、救治抢得了无比宝贵的时间。

两年后，黄珍萍遇到一位省级大医院的神经内科主任，也是这方面的权威专家，当她见到眼前行走自如的黄珍萍时，简直不敢相信黄珍萍曾是一名病情严重的脊髓炎患者——极少有脊髓炎患者能康复得这么好。后来黄珍萍也遇见了一些脊髓炎患者，他们中有的坐着轮椅，有的瘫痪在床，有的视力严重下降几近失明……看着这些错失最佳治疗时机的脊髓炎病友，黄珍萍感慨万千，心中的澎湃非语言所能形容。

访谈面对面

何恒清（以下简称“何”）：**患病之前，你过的是一种怎样的生活？**

黄珍萍（以下简称“黄”）：虽然目睹了很多由疾病引起的苦痛和悲欢离合，但是之前一直觉得工作是工作、别人是别人，没想到有一天自己也会患上这样的疾病。一直以来，自己也没有特别重视过自身健康，作息时间都不太正常，几乎没有一天晚上是12点钟以前入睡的，有时即便上了床，也还是在翻看手机。多年来，虽然没有非常过分地胡吃海喝，但也控制不住对食物的欲望，明知有些垃圾食品会给身体带来伤害，但还是照吃不误。

何：**患病之后躺在病床上，你想得最多的是什么？**

黄：当躺在病床上生死未卜时，想得最多的问题就是如果有一天我死了，女儿怎么办？父亲怎么办？（黄珍萍的女儿当时仅有 5 岁，父亲长期中风偏瘫，生活需要照顾。）脑海里一直环绕的都是这些问题。后来就退一步想，我要努力活着，只要活着，只要还有一条命就行，即使瘫痪在床也能接受。最起码，头脑清醒，还能看着女儿一天天成长。现在身体康复了，病痛远去了，渐渐地又不再满足于当初躺在病床上的那些最基本的要求，又萌生出许许多多的念想。念想或者说是欲望一多起来，又回到了俗世的挣扎中。

何：**患病之后，过的是一种怎样的生活？现在比较在乎什么？**

黄：也许是我中年得女吧，40 岁才生下她。大病之前，就非常在乎女儿的感受，女儿有什么需求都会优先满足，幼儿园布置的家庭作业，再忙再累再晚也要在当天帮忙完成。大病之后呢，以休息为主，感觉累了的时候，该休息就休息，健康放在首位。现在我想明白了，一个健康的妈妈，才是女儿真正需要的。如果连自己都不能自理，那何谈照顾女儿。

何：**经历过这个事情以后，你比较明显的改变是什么？**

黄：很多事情不再像以前那么急切了。

何：遇到那么多贵人相助，你有什么特别想表达的？

黄：唯有感恩。除此之外，一切都是多余的。

何：回忆一生中最美好的时光，都有哪些？

黄：在那个没有电脑、手机的年代，流连于各个图书馆、阅览室和书店，一个人静静地看书。那时收入很低，可是真的很快乐。

何：这辈子做过最值得骄傲的事情是什么？

黄：我是非全日制大学毕业的，能有今天的成绩，已经很知足了。

何：这辈子恨过什么人或事吗？如今释怀了吗？

黄：我这辈子最恨的人就是我的前夫，他当年背叛了我。因为爱得刻骨铭心，所以，也恨得刻骨铭心。不过，我的前夫（因为肝癌）过世前，我还是陪他回到了他的老家——一个小乡村，并且在那里陪他走完了人生的最后一程。在那段时间里，听着前夫的忏悔，我对他又爱又恨又怜。现在想想，他已经死了，我还活着，一切也就放下了。也许正是这样一段经历，才使我更加珍惜现在的幸福生活。

何：如果要对家人讲一句话，你想对他们说什么？

黄：善待身边的每一个人，珍惜每一份善缘。

访谈手记：

历经生命中的一大劫难，黄珍萍再三表示：感谢对她施以援手的几位贵人，感恩生命中遇到的一切善缘。

而作为一名采访者和旁观者，我认为黄珍萍感谢的名单中，还应该加上她自己。正是她 10 多年来兢兢业业地工作，才让她结识了那么多的医生；正是她 10 多年的从业经验，医学常识的累积，才使她敏锐地嗅到了疾病的凶险，不顾一切恳求医生提前介入、提前治疗。把她自己从悬崖边拉了回来的，其实，还有一双手——她自己的手。

一切生命中遇到的善缘，归根结底，不都是自己种下的吗?

漫长而又短暂的一生，每一个人，每一只狗，每一本书，每一朵花，每一座山，都是最好的遇见。善待身边的每一个人，善待碗里的每一粒米，善待每一座山，即是善待自己，即是种下善缘。

种瓜得瓜，种豆得豆。

世间万物，看似没有任何关联，其实，一切皆有因，一切皆有果。今日之种种果，皆为昨日之种种因；今日之种种因，皆为明日之种种果。

躺在手术台上，麻醉医生问我，害怕吗？我说我从来没想过怕不怕的问题，只是一心想着把我的一部分肝给了我的女儿以后，我的女儿就能脱离苦海了，就有了第二次生命了。

——罗玉萍

生死门口，一个母亲的坚持

访谈对象：

罗玉萍（化名），一名普通的农村妇女，现在广东打工。

访谈时间：

2020 年 6 月 14 日

访谈故事：

对于远在广东的罗玉萍来说，每天最重要的一件事，就是晚上跟老家三岁的小女儿视频聊天。乖巧的女儿常常会问妈妈：工作累不累，按时吃饭了吗？女儿奶声奶气的暖心话语，总是能让劳累了一天的罗玉萍倦意全消。这是一种微不足道的幸福。只是没有多少人知道，为了这微不足道的幸福，罗玉萍经历了怎样的生死挣扎。

2017 年 2 月，罗玉萍的小女儿呱呱坠地。和天下所有的母亲一样，罗玉萍沉浸在女儿新生的喜悦当中。只是，这喜悦并没有停留多久。孩子出生刚两天，医生就过来说孩子的胆红素有点高，需要照一个星期的蓝光才能出院。当时，罗玉萍以为这不过是新生儿的常见病，却不料，这只是一个序幕——往后的两年零一个月，她抱着她年幼的女儿辗转奔走于多家医院，跋涉在一条险象环生的道路上。这是女儿的求生之路，这也是罗玉萍的“求生”之路。

2017 年 5 月底，孩子高烧不退，罗玉萍带着她住进了当地的一家医院，由此开始了辗转于多家医疗机构的求医之路。住院的经过大致相似，在某家医院住了一段时间，一些症状大致得到缓解之后，工作人员就委婉地说，受医疗条件限制，这个病最好去更大的医院诊治。待到罗玉萍带着女儿到了下一家医院，又会重复上一家的经历。

2017 年 6 月 5 日，罗玉萍又带着女儿来到一家医院诊治。女儿被确诊为先天性胆道闭锁，6 月 19 日做了葛西手术（又称肝门空肠吻合术）。然而手术后，相关症状并没有得到缓解，术后还出现了发高烧、流鼻血等症状，最后不得已住进了 ICU。在 ICU 救治后依然没有得到明显改善的情况下，该院的工作人员劝说罗玉萍：“你们还是出院吧，现在也没有什么更好的办法。”这家医院朝罗玉萍打开了一扇希望之门，但很快又把门给关上了。无奈之下，茫然无措的罗玉萍只能给女儿戴上随身氧气袋，紧紧抱着全身起疱的女儿回家。一路上，人们看见供着氧气全身起疱的孩子，就像看到怪物一样，远远躲开。

一次次住院，都只是缓解症状，由先天性胆道闭锁引发的一系列问题，尤其是肝硬化一天比一天严重，才几个月大的女儿肚子越来越大，像个西瓜一样。

在几乎就要绝望的时候，罗玉萍无意中得知，可以割下自己身上的一部分肝，移植到女儿身上。

抓到救命稻草的罗玉萍，急忙带着女儿找到之前成功开展过类似手术的广西医科大学第一附属医院小儿外科副主任医师董昆。董昆看了孩子后，建议尽快做肝移植手术，但是董昆也提醒罗玉萍，孩子的肝硬化、败血症等问题已经很严重了，手术是有风险的，不管是对大人，还是对孩子。罗玉萍丝毫没有犹豫，以最快的速度去做配型等术前准备工作。

在等待手术的日子里，罗玉萍也没能喘口气。其间孩子两进ICU。其中有一次，恰逢国庆黄金周，罗玉萍带着病情危急的孩子从老家赶去就医。在人山人海的火车站，由于买不到车票，她一时失控瘫坐在地上号啕大哭。后来，在众多热心人包括车站工作人员的帮助下，她终于带着女儿在列车启动前最后一分钟挤上了动车。一路奔跑，终于赶到了医院。刚走进医院没几分钟，孩子便在候诊大厅吐血，鲜血染红了罗玉萍的半身衣裳。

2017 年 10 月 21 日，罗玉萍如愿和女儿一起躺在手术台上。在足足做了 12 个小时的手术之后，罗玉萍的一部分健康的肝脏成功地移植到了女儿身上。主刀医生董昆说，新肝一接上，即刻正常工作，金黄色的胆汁汩汩流淌，孩子体内的胆红素等指标迅速恢复正常。

罗玉萍给了女儿第二次生命。

那两年，罗玉萍带着两岁的女儿进了6次ICU病房。6次ICU经历，6次历险，不难想象，作为母亲的她，内心是何等煎熬。

其中有一次，罗玉萍的女儿严重肺炎，肺出血，在ICU整整住了45天。身边的人几乎都绝望了。那段时间，罗玉萍和孩子奶奶一起陪护，睡在一张小床上，每天深夜，罗玉萍想到孩子的病情，想哭却又不敢哭出来，怕孩子奶奶听到，只能用毛巾捂住嘴巴低声抽泣。

在这期间，女儿连续几天昏迷不醒。由于不能进ICU，罗玉萍就跟医生商量，用手机录了一段话给女儿，让她听听妈妈的声音。当医生把手机放在孩子耳边，罗玉萍的声音在寂静的ICU病房响起："宝贝，妈妈知道你是个坚强的孩子，你不能再这样睡下去了，妈妈在外面等着你……"语音尚未播放完，奇迹发生了，已昏迷多日的孩子反应强烈，激动不已。病房录像把这一切真实地记录了下来。

人真是一种神奇的动物，也许，因为太多的痛苦，幼小的孩子都有点自暴自弃了，是妈妈的不放弃最终唤醒了她。

现在，罗玉萍的女儿已经3岁多了，长得比同龄的孩子还要高还要壮。罗玉萍每个月都会请几天假回老家陪女儿。女儿特别懂事，罗玉萍每次一回到家，女儿总是帮她按摩、给她捶背。而这些，从来没人特意教过。

谈及女儿，罗玉萍十分欣慰，不经意间，流露出一种风雨过后的骄傲和满足。

访谈面对面

何恒清（以下简称“何”）：**当得知只有肝移植才能救孩子时，想过手术的风险吗？**

罗玉萍（以下简称“罗”）：手术前，躺在手术台上，麻醉医生问我，害怕吗？我说我从来没想过怕不怕的问题，只是一心想着把我的一部分肝给了我的女儿以后，我的女儿就能脱离苦海了，就有了第二次生命了。

在孩子做肝移植手术之前，我没有一个晚上能睡好，总在担心孩子是不是又要发高烧了，又要便血了，又要吐血了。把一部分肝给了女儿之后，我的心里舒坦多了。

何：**把一部分肝移植给孩子，对你现在的生活有影响吗？**

罗：我没感觉到对现在的生活有什么影响，也没有感觉到身体比以前差。只是身上多了一道疤痕而已。每当我看着身上的这道疤痕，我都很骄傲，觉得自己很伟大。

何：**带着幼小的女儿求医，经历了6进ICU等重重磨难，这中间你想过要放弃吗？**

罗：一路走来，确实太艰难了。好多次，身边的人，甚至包括一些医院的工作人员，都委婉地提出：还是放弃吧。可是，我怎么能够放弃呢？女儿是我身上掉下的肉，她是我的命啊。只要我的女儿还有一丝呼吸，我就不会放弃。如果我放弃了，这辈子，我的良心都不会安宁的。

何：**那两年曲折的求医经历，有什么事情是让你感触特别深的？**

罗：那两年带着一点点大的女儿求医求生，受的苦，一言难尽。不过，最终觉得这个世界上，还是好人多，其中有些人是值得我们用一辈子去感恩的。这包括那次帮助我们坐上动车赶往医院进行抢救的好心人，也包括为我女儿做手术的医生。

何：**这次的生死考验对你们的生活有什么影响？**

罗：我不能确定我的女儿能活多久，就好比我们没有办法预知自己能活多久一样。在有生的日子里，我会尽自己最大的努力让她快乐成长，不求她出人头地，只求她能享受活着带来的快乐。

何：**对那些陷入类似困境的人，你有什么话想对他们说？**

罗：当你下定决心不放弃的时候，死神也会松手。

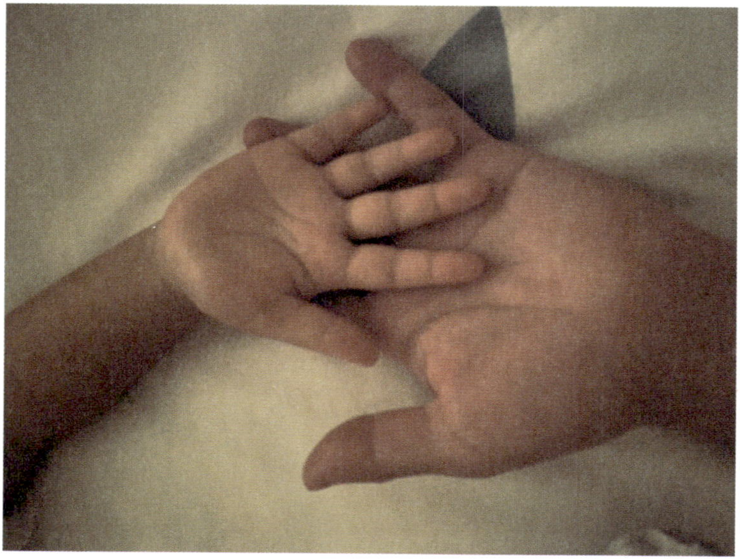

在这热闹而又清冷的世间，最有幸，与你相遇。

访谈手记：

女本柔弱，为母则刚。

这八个字用在罗玉萍身上再恰当不过。一个普普通通的农村妇女，在身边的人都劝她放弃的时候，她一次次地以一个母亲毫无动摇的坚持，硬生生地把自己幼小的女儿从死神手中拽了回来。

很多时候，我们以为是风雨巧妙地避开了我们，其实是我们没有看到有人在为我们遮风挡雨。当我们浮在水面自由地呼吸时，往往忽视了浸在水中托举我们的人何等艰辛；当我们轻松上阵势如破竹时，也常忽视了是谁在替我们负重前行，承受生命中难以承受之重。

父母与子女的关系最难言说，欲亲还疏，欲爱还怨。孩子一天天长大，与父母之间的距离——不论是地理上的，还是心理上的，也在一点点拉远。有位作家写下了她送儿子去美国读书时在机场分别的场景：

> 我一直在等候，等候他消失前的最后一瞥。但是他没有，一次都没有。我慢慢地，慢慢地了解到，所谓父母子女一场，只不过意味着，你和他的缘分就是今生今世不断地目送他的背影渐行渐远。你站立在小路的这一端，看着他消失在小路转弯的地方，而且，他用背影默默地告诉你：不必追。

心甘情愿为子女捐肝捐肾的父母比比皆是，而久病床前的孝子却不多见。好在，人生是个轮回。做儿女的，终究有一天，也要为人父母；做父母的，亦曾是人家的子女。

在我写下这些文字的时候，这一年的母亲节刚刚过去，父亲节即将到来。我内心难免有了微茫的希望，但愿罗玉萍的女儿以及其他有着类似经历的孩子长大后，能看到这篇文章，并记住：生死门口，当所有的人都要放弃的时候，一个母亲的坚持。并以此提醒天下子女：有一种目光，不该用背影冷冷相对。

我总感觉，我就是那个吃了“馒头”的人。

——王伟

因为感恩，所以在路上

访谈对象：

王伟，男，1972年生，曾任乡村中学教师多年。2008年因肝硬化晚期做了肝移植手术。

访谈时间：

2019年9月8日

访谈故事：

一个人，一辆自行车，一杆旗，一路跋山涉水，一心宣传人体器官捐献。这背后，究竟有着怎样的故事？我对此充满好奇。

初遇王伟，是在西安交通大学校园内——第七届中国器官移植运动会的颁奖现场。人群中，只有他一个人头戴骑行帽，穿一身蓝白色的骑行服，旁边的自行车上插着一面写着“器官捐献，大爱无疆”的彩旗，与众不同，一眼就能看到。

更加深入的访谈，约在了晚上，在他入住的一家小旅馆里。小旅馆的房间略显狭小，我坐着唯一的椅子，王伟则坐在床沿，那辆随他走南闯北的自行车，绑着高高竖起的旗杆，连着飘扬的旗帜，斜靠在墙壁上，紧挨在他身旁，如同一匹战马。

大病之前，王伟在一所乡村中学教书，每天正常上下班。他当时一门心思就想着努力工作干出点成绩，评上职称、晋升职级。此外，他也在琢磨着怎么用业余时间再干点别的活，赚点钱改善生活。毕竟，乡村教师的工资不高，而需要用钱的地方又太多。

一场大病，彻底改变了王伟按部就班的生活。2008 年，他被诊断为肝硬化晚期。为了治病，拖着严重肝腹水的身体，王伟四处求医问药，最后从甘肃辗转到了天津。在天津的一家医院，王伟一边接受治疗一边等待肝移植的机会，那是一段极其煎熬的日子。一方面是因为经济上的压力，另一方面则是源于生死未卜的惶恐。还好，在卖掉房子及向亲友借了外债后，王伟筹足了 50 多万元的手术费和医药费。更幸运的是，在天津等待了 3 个月以后，王伟终于幸运地等到了肝源，并成功做了肝移植手术。

后来，王伟给自己的微信取名“天堂鸟”，寓意“重生”。在骑行路上宣传器官捐献的意义，于他也是一种重生。王伟最初只是出于锻炼身体的需要才练习骑行，开始骑行的范围仅限于家乡的一些景区和乡镇。随着骑行区域的逐渐扩大，骑行时间的逐渐增长，在一次次旅途中，自己进行肝移植手术前后的往事不时地在王伟的脑海中回放，有一个声音越来越清晰地提醒他：你是如此幸运，不该为此做些什么吗？

王伟决定开启一段新的人生旅程。这段旅程一旦开始，就再也停不下来。这些年，王伟渐骑渐远，2015 年，他组织了一个骑行宣传队远赴青海，队伍浩浩荡荡地从甘肃甘谷县出发，仅仅经过了两座县城以后，骑行宣传队就只剩下了 5 名队员，到兰州市时仅剩 3 人，待到达青海的茶卡盐湖时，只有他这个领队和另外一名队员坚持了下来。2017 年 5 月，王伟又组织骑行宣传队从甘肃到北京参加全国器官移植运动会，一开始同样浩浩荡荡，有 10 余人，到了陕西西安只剩 4 个人，过了黄河只剩两个人，最后只有他一个人骑行到达北京。

这样的旅途，注定是孤单的。

2013 年至今，7 年的时间里，王伟骑行了 50 000 多公里。最长的一次骑行，历时 36 天。7 年时间，春去秋来，寒暑交替；50 000 多公里，山重水复，风雨兼程。我想，一定有一种力量，支撑着他穿越漫漫风沙，穿越万千沟壑。

访谈面对面

何恒清（以下简称“何”）：**生病前后有什么不一样吗？你现在更在乎什么？**

王伟（以下简称“王”）：大病之后回到工作岗位，心态和以前大不一样了。不再计较晋升、提拔之类，更能细微地感受身边的一切美好：感受山谷清风拂过，感受野花的芬芳，感受原野露珠自草尖滴落，感受树林里虫鸣鸟啼。这个时候，总禁不住想，我还拥有这个世界，多么美好！

何：**当你躺在病床上，面临死亡的威胁时，想得最多的是什么？**

王：对生命的渴望战胜了一切，当时就想着，再困难再痛苦也要争取活下来。只有活下来，一切才有可能。

何：**如果以一个过来人的身份告诫世人一句话，你最想说什么？**

王：每天还能看到太阳冉冉升起，每天还能呼吸到新鲜的空气，每天还能和亲人在一起，多么美好啊。一定要珍惜。

何：**你害怕过死亡吗？**

王：害怕。大病之前没什么概念，觉得生老病死离自己还很遥远，经历过一场大病之后，才终于感觉到，原来死亡离自己也会如此之近。人总是这样。

何：**你这一辈子有哪些遗憾？**

王：最大的遗憾，就是在治疗的过程中，在等待肝源的时间里，有好几个熟悉的病友先后离去了。我们曾经共患难，我们曾经相互温暖、相互鼓励，我眼见他们一个个离去，只剩下他们的亲人在那里哭泣。那些场景至今还留在我的脑海里。那时，总有一种深深的无力感。那些无力感，在往后的日子，总在不经意间，总在没有防备的时刻，时不时地，一次次向我袭来。

何：**病前和病后思考过怎样度过这一生吗？你觉得要怎样才算不枉此生？**

王：病前，我的想法和大部分人差不多。手术后，就经常想，我接受了别人的器官捐献，是一个爱的承载者，而很多人并没有如此幸运。我国每年有30万的人器官衰竭，需要以器官移植的方式进行治疗，但是仅有1万多人有机会获得器官移植的救治。

我看过这样一个故事：有一群人，被困在冰天雪地里，饥寒交迫，最后只剩下一个馒头了。大家决定把这唯一的馒头全部给其中的一个人吃，让他出去报信，请求外面的救援。我总感觉，我就是那个吃了“馒头”的人。虽然我脱离了险境，但是还有很多人在等待救援。所以，宣传器官捐献的意义，哪怕千山万水，哪怕受再大的苦、再冷的白眼，我也愿意。

何：**到目前为止，你做过最值得骄傲、最引以为豪的事情是什么？**

王：宣传器官捐献的意义。这些年，我利用节假日骑行开展宣传，行程跨越10多个省市，不管是遭遇冷眼还是被质疑动机，始终不改初衷。在一次骑行途中，在我向路人发放宣传资料时，有一个路人对我说：“这应该是政府部门做的事。你这样做，是不是有什么别的企图？”这样的质疑一度让我心寒，但也让我深感任重道远。

我是一名器官捐献的受益者，活下来了，就应该每一天都要活得有价值。我希望把器官捐献的观念宣传到生活的每一个角落，让全社会认识、理解、接受器官捐献。

访谈手记：

“我就是那个吃了‘馒头’的人。”听到这句话，我在一瞬间读懂了王伟。读懂了他在陌生的城市广场，在人头攒动的景区，在夕阳西下的途中，一次次把宣传的旗帜高高举起的初心。

因为这本书的因缘，我采访到了许多与死神擦肩而过的人。在我心底，总是希望能体察到他们共同的领悟与觉醒。

只是，每个人禀性不同，学识、阅历、涵养、悟性不一，每个人都有不一样的领悟：有的人千金散尽，有的人只争朝夕，有的人纵情声色，有的人为爱奉献……

而王伟，一个人骑行上路，举起旗，不畏风霜雪雨，不畏冷嘲热讽，努力发出自己的声音，这是王伟的觉醒，感恩的觉醒。

我认识一对姐妹。因为少时家贫，姐妹俩小时候难免遭受一些来自亲友乡邻的冷眼和挤对，当然，也总会有人雪中送炭，给她们带来温暖的时刻。很多年后，姐妹俩经过多年打拼，事业都风生水起，成为远近乡邻羡慕的对象。每每谈到过往的日子，姐妹俩的记忆却不太一样，对亲友乡邻的态度也截然不同。姐姐记得的，多是亲友乡邻的“好”；妹妹记得的，多是亲友乡邻的“不好”。姐姐记得的，多是亲友乡邻的帮助，那尚能将就穿上的一件旧衣服，那偶尔递过来充饥的半个馒头；妹妹记得的，多是亲友乡邻那轻蔑的眼神，那尖酸刻薄的语言，以及自己的窘迫与无助。

选择记得温暖的那部分，便是选择了感恩。选择了感恩，便放下了抱怨与愤恨。

感恩大自然的阳光雨露，感恩餐桌上的一饭一食，感恩周边的人，哪怕只有一个笑脸，哪怕只有一丝丝的善意。感恩一切，哪怕只是滴水之恩。毕竟，我们有什么底气和资格要求每一个人对我们百分之百地好呢？

生死十记・VI

出一次远门

离开我们熟悉的一切：熟悉的房子、熟悉的街道、熟悉的人们，挑一个季节，出一次远门。

一路向南，或者，一路向北。迎着日出晨曦，或者，向着落日余晖。走走停停，停停走走，向着远方行进。

远方意味着未知。

在远方，时常会有惊喜发生，打破我们固有的认知。如果你见惯了门前溪水缓缓流过，那远方有大江大河，一路咆哮，惊涛拍岸；如果你见惯了村田瓦舍，那远方有千里戈壁，大漠孤烟直，长河落日圆；如果你见惯了草木葱茏，那远方有壁立千仞，寸草不生，经冬雪未消。

打破我们已有认知的，在远方，除了风景，还有我们遇见的许许多多的人和事。即使你只是踏出200公里、300公里，你都会发现，无论是那里的人们说话的腔调、饮食的习惯，还是那些地方建筑的风格、出产的风物，都跟你原来习惯的环境有着很大的不同，遑论走出上千公里、上万公里。一路向西或是从南到北，一路向东或是从北到南，一步一步，你看到的尽是迥然不同的呈现。

小时候，我生活的小镇，被周边的乡民赞誉得仿佛人间天堂。“想吃饱饭，黄金龙岸”，龙岸，就是我生活的小镇的名字。在很多年里，我都以为，世界，就是我眼前的模样。

在那个缺衣少食的年代，能吃饱饭已是天大的幸福。犹记得，那些年月，一有什么天灾，譬如大旱、大涝等，就时不时有灾民拖家携口前来乞粮。镇上尚有余粮的人家总会施以援手，施舍给他们一两碗稻谷或者白米。当年我也曾亲手从家里将见底的米缸里盛出些许白米递到那些灾民的手中。或许因为这上述种种，我那些一辈子没有出过小镇的乡亲，总是笃定地认为，我们那里就是最富庶的地方，是最好的地方。

一开始我也这样认为。直到很多年以后，我走过了很多地方。

路越走越远。在更远的远方，在东亚，在西亚，在北美，在南美，在欧洲，在非洲，我们终究发现，那许许多多的人，他们的身材、眼睛、肤色和我们大不相同，他们的饮食习惯、耕作方式、城市面貌与我们完全两样，他们的思维方式、思想文化以及对世界的认识与我们更是大相径庭。

一方水土，养一方人。如果你只是路过，那就只是路过。如果你用心去发现，用心去倾听，用心去沟通，那一个个地方，那一个个人，会为我们打开一扇扇窗，让我们得以了解这个世界的丰富多彩。

走的路越远，见的人越多，你将对很多事物见怪不怪。你习惯用筷子夹菜，有的人习惯用手抓；你早餐习惯榨菜配白粥，有的人早餐大块吃肉；你认为龙虾是极高档的海鲜，却有人愿意拿它跟你换一串香蕉；你重视一部车子，有人却在乎一缕阳光；你眷恋家的温暖，有人却享受旅途的寂寞……

走的路越远，见的人越多，你将进一步学会包容，包容那些跟你想法不一样的人，包容那些你原来难以理解的事。

如果幸运的话，在漫长的旅途中，我们也许能结识一两个朋友和知己，在千山万水之间，在异国他乡的街道，在茶肆，在游船，在登山的途中；在那些孤独的时刻，在我们以为没人会明白自己的时刻。

出一次远门吧，有目的地也好，没有目的地也好，有意义也好，没有意义也好。你来了，这世界就有了你的脚印；你看到了，世界就在你的眼里。世界在你的眼里，就谁也抹不掉，再也抹不掉。

出一次远门吧，不要以为，我们的身边，就是全世界；出一次远门吧，不要辜负，这世上所有美好的呈现；出一次远门吧，不要辜负，这短暂的一生。

路没有尽头，只要愿意，我们就可以一直走下去。

Chapter4

第四辑

常去
医院走走

只有在近距离感受非常态的种种支离破碎后，

我们才能回过头，

体会到常态的美好。

生死十记 · VII

常去医院走走

常去医院走走。

这是一个听起来好像有点怪异甚至有些扯淡的提议。但我是真诚的。

我们习惯了逛商场、逛超市、逛花鸟市场、逛菜市场，这是生活的正常打开方式。购物总是让人心生喜悦。可是，人生光有喜悦是不够的——特别是那些如此短暂的喜悦。

医院是个好地方，有病治病，没病治心。

我常去医院。每一次，都会有不同的收获，如同进一次学校、读一本好书、听一位智者的教诲，甚至不止于此。

医院是扇生死门。一头连着生，另一头连着死。进了这扇门，在生死之间的混沌中，你可以看见众生，看见自己，看见实相，看见一些之前看不清的东西。

生病的人一眼就能看得出来——那些头缠绷带的，那些拄着拐杖的，那些需要人搀扶的，那些躺在病床上的。生病的人多是痛苦的，痛苦往往掩盖不住，有些人会表现在脸上，皱眉，烦躁，呻吟；有些人甚至禁不住抽泣乃至放声痛哭。最让人心痛的是表现在眼神上的，空洞、无神、绝望，那多半是患了绝症的。

至于陪护的人，也不难看得出，那些沉默寡言的，那些脸上挂着忧虑、写着愁苦的，那些因为亲人的久病而显出不耐烦的，那些因为巨额的医疗费用没有着落而愁眉不展的。

医院是个小社会，映照众生之相。从病床上那一张张脸，你可以看到希望，看到绝望，看到留恋；从亲人那一次次搀扶、一次次擦洗，你可以从中看到呵护，看到亲情，看到不舍；从儿女们关于费用分摊、陪护轮值的各种争执，你可以看到善，看到恶，看到无奈；从窘迫者压低声音的那一次次关于筹钱的交谈，你能看到卑微、挣扎，看到生活的艰辛，看到屋漏偏逢连阴雨的落魄。

日常生活，一日三餐，饭后散步，晚上熄灯睡觉，周末逛逛公园，偶尔喝点小酒，我们习以为常，我们认为这一切都是理所当然的。可是，当我们从医院回来，我们就知道，在医院，有些人是不能独立行走的，要拄着拐杖或要别人搀扶；有的人是不能正常进餐的，需要别人喂食，严重的还要经插管灌入流食；有的人是不能正常入睡的，一整夜都需要接受各种治疗，经历各种疼痛；此外，还有说不出话的、听不见声音的、翻不了身的、大小便不能自理的；等等。在医院，在那一张张病床上，所有的习以为常，所有的理所当然，此时，都要加上一个词：未必！

之前我们的生活是常态，常态下的一切我们都习以为常，都认为是理所当然的。而医院的状况是非常态，只有在近距离感受非常态的种种支离破碎后，我们才能回过头，深味常态的美好。

常去医院走走，每一次去医院后回家，你都会感到自己是如此幸运：那躺在病床上的，被推进手术室的，是别人，不是自己。

当有朋友抱怨职场不如意，钱少活多离家远，生活不如意，伴侣啰唆孩子不听话，不妨带他们到医院走走。看看那些躺在病床上的人，看看那一张张脸庞，凝视片刻那些或痛苦或黯淡甚至是绝望的眼神。

常去医院走走，这不是在消费别人的痛苦，这是在警示自己。今时今日所见所闻旁人之种种疼，有朝一日也将可能成为我们的种种痛。

常去医院走走，我们并不会失去什么。反而，它能让我们抬头看见天空，看见天空上的星辰和月亮，也能让我们低头看见大地，看见大地上的沟沟壑壑。

也许，我们可以把去小吃店、夜宵摊流连的次数减少那么一两次，留点时间去医院走走，因为我们中的大多数，皮下脂肪在渐渐增厚，小腹在悄无声息地凸起，胆固醇、血脂、血糖的数值在逐年增高。当然，这里的“我们”，不包括20岁以下的小青年，他们还有时间、精力和资本去跌倒，爬起来，再跌倒，再爬起来，他们还有时间在泥潭中翻滚。

常去医院走走，看看手术室的大门，打开关上，关上打开，看看有的人出来，有的人不再出来。

医院的大门朝所有人打开，一进一出之间，似乎有一种无声的警示：珍惜一切，趁现在。

人生无常。此刻的欢喜便是欢喜。

此刻的完美便是完美。此刻的圆满便是圆满。

多少次在噩梦中惊醒，怎么都想不到熟悉的同事竟会向我开枪。

——杨凯宁

我们终究要与命运和解

访谈对象：

杨凯宁，男，1975年生，曾担任广西一家银行的出纳员（负责运钞车的提款工作）。

访谈时间：

2019年8月13日

访谈故事：

一辆运钞车，四个人出发，最后，只有一个人活着回来。杨凯宁就是幸存的那个人。

回忆起21年前那件轰动广西乃至全国的“运钞车大劫案”，

杨凯宁说就像做了一场噩梦一样。

1998年7月19日，杨凯宁和往常一样，与另外三名同事（两名保卫、一名司机）上了一辆外出提款的运钞车，一切好像都很正常，与平常没有什么两样。那时的杨凯宁无论如何都没想到，这将是一辆不会按原计划返回的车，23岁的他，命运轨迹也将就此改变。

运钞车按照既定路线行进，当到达南宁市明秀西路原万泰啤酒公司提款点时，杨凯宁和一名保卫下车提款，另一名保卫和司机则留在车上。核验、签字、提款，很快，杨凯宁和同行的保卫完成了相关的规定动作，手提沉甸甸的钱箱走向运钞车。车门打开，他们正要上车，迎接他们的却是同事张某（留在车上的保卫）的枪口。就在一瞬间，啪啪几声枪响后，杨凯宁和同行的保卫先后倒下。而在这之前不久，坐在驾驶室的司机也已被张某用手枪隔着靠背射杀。

在枪击三名同事之后，胆大妄为的张某独自前往下一个提款点——原南宁市面粉厂储蓄所提款，完成提款后方才展开疯狂大逃亡。天网恢恢，四个小时后，张某在河池市都安县被追踪而来的警察抓获。

杨凯宁和另外两名被枪击的同事，在事发后不久即被紧急送往医院抢救。杨凯宁是幸运的，虽然子弹经后脑勺击碎头骨，从头顶穿出，但是，经抢救之后还是活了下来。而另外两名同事最终因抢救无效不幸死亡。

在昏迷了10天之后，杨凯宁终于醒了过来。有人到医院探望他，与他握手。这时候杨凯宁才惊恐地发现，他的手似乎没了知觉，感觉不到对方手的存在。原来，子弹伤及他脑部的运动神经，他的四肢都没了知觉，甚至连双脚都无法着地。

23 岁的杨凯宁刚刚在鬼门关走了一遭，还没完全从死亡的阴影中走出来，还没来得及庆幸，就马上要面对艰难的康复之路。一个一米七八的大个子，曾经的体育生，却只能像婴儿一样，每天学习最简单的坐、站、跪、爬等各种动作。最初，杨凯宁连简单的翻身都无法完成，需要别人帮忙，需要重新学习怎样用力。

日复一日，杨凯宁在家和医院之间两点一线地行进。这一条康复之路如此漫长，整整花了他 13 年的时间。严格意义上来说，他的康复任务只算是完成了一半，从一开始的生活不能自理，到坐着轮椅生活基本能够自理。

访谈面对面

何恒清（以下简称“何”）：**当被枪击伤，醒过来躺在病床上的时候，你想得最多的是什么？**

杨凯宁（以下简称“杨”）：在医院那段时间，时不时会做噩梦，梦见凶手。我们平时的关系还是很不错的，他结婚的时候我还做过他的伴郎，他父亲过世的时候，我也是忙前忙后帮忙料理后事。我怎么都想不到熟悉的他会向我开枪。我无数次想问他，究竟是为了什么？

何：长达 13 年的漫漫康复之路，你是如何走过来的？

杨：刚开始，练着练着，达不到恢复效果或者说恢复太慢的时候，我也烦，也闹情绪。只不过，烦归烦，闹归闹，痛苦归痛苦，最后，还是慢慢接受了现实。

在这期间，我也曾梦想着有一天能完全康复，能下地迈开腿走路，过上正常人的生活。没承想，后半辈子会一直坐在轮椅上。

何：经历过这个事件以后，你现在有什么感悟？

杨：现在就想，该怎样开心地活下去。要钱没用，再多也没用，健康才是真的好，健康最重要。现在帮老婆孩子都买了保险，就是担心万一发生什么事。

何：你害怕死亡吗？

杨：怎么说呢，说害怕也不害怕，说不害怕也害怕。说不害怕是因为自己看得比较开了，生死都不是很在意；说害怕是担心家人，为家人考虑得多一些。

何：这辈子有哪些遗憾？假如人生重新来过，你打算怎么过？

杨：有小孩之前，我基本上不怎么出门。每天就是两点一线，从医院到家，从家到医院。有了小孩之后，要带孩子出去玩，慢慢地就出门了。记得小孩还小的时候，有时带孩子去民族广场散步，孩子看到其他小朋友高高地坐在爸爸肩膀上，坐“龙头马”，也闹着要坐。可是，我的身体状况却无能为力。有一次，一个朋友刚好也在，就让我的孩子坐在他肩膀上，可是他自己的孩子看着却吃醋了，闹着也要坐。看到两个孩子哭闹，那一瞬间，我真的觉得很酸楚。

如果不出这个事，后面的人生，我很可能会考一所好的大学，然后出国深造。只是，人生没有如果！

何：**21 年过去了，今天你是否觉得自己已经完全从那次事件中走出来了？**

杨：受伤后，我生活不能自理，很多事情都需要依赖别人，心理上一时接受不了。有段时间脾气也变得比较暴躁。好在家人、亲人、朋友都比较体谅，随着身体经过康复训练渐渐好一些，坏脾气坏心情也在渐渐平复。

在医院康复治疗的 13 年，我也遇到不少病友，有些病友病情比我还要严重，有的截瘫，有的甚至颈部以下都没了知觉，最基本的生活都不能自理，吃喝拉撒一举一动全都要依赖别人。比起他们，我还算是比较幸运的。有的病友，身体遭受重创，精神却很乐观。记得有一个病友，发生事故从工地高楼上掉了下来，他在给我们描述自己的遭遇时说："当时身体在高空中，感觉飞了很久都不见落地。"你看，都这样了，这个病友还有心思调侃自己，还有心思拿自己开玩笑。这些病友身处困境时的乐观精神也在无形中感染了我。

我也不知道我算不算完全走出来了。真正走出来，可能需要很长很长的时间。

何：**接下来的时光，你有什么目标，有什么愿望要实现的？**

杨：如果说还有目标，那就是去旅游吧，去没有去过的地方看看。值得庆幸的是，现在有朋友正在帮助我实现愿望，帮我规划一些适合我的旅游线路。就在前几天，我刚刚和朋友从三亚旅游回来。

何：**如果以一个有着特殊经历，觉悟了的过来人的身份来送给世人一句话，你最想对大家说什么？**

杨：不管如何艰难，都不要放弃！我的妻子每当遇到有朋友抱怨工作很难、生活很难，不知道如何坚持下去时，她也不多说，只是找个时间把朋友邀请到家里做客，让她们看看我现在的生活，听我聊一聊过往的经历。

访谈手记：

杨凯宁是如此不幸，23岁，正值青春年华，一声枪响，人生轨迹从此改写，后半生只能依靠轮椅行走；杨凯宁又是如此幸运，与死神擦肩而过，独自一人从鬼门关回来了，且还能娶妻、生子，在阳光下活着。

世间事，有多面，就看你怎么看。

人生是一条欲望的河流，总有人在欲望面前欲罢不能，爱与恨、背叛与信任、天使与魔鬼，时常移形换位：昨天是亲密爱人，今天不共戴天；上一秒还是天使，下一秒就变成魔鬼；昨天亲如兄弟，今天却把枪口对准你。杨凯宁有一千万个理由愤怒。只是，若要恨，就一直在恨里；若要爱，就一直在爱着；若放下，就能轻装上阵。

杨凯宁选择面向阳光。

我们无法左右命运的安排，我们无法让时光倒流，但是，我们可以选择与命运和解。

是否与命运和解，将决定我们当下的生活。

真好，又能去打针了。这意味着我还活着，而且有机会继续活下去。

——玉婉燕

我又有机会来打针了

访谈对象：

玉婉燕（化名），女，20 世纪 60 年代出生，曾任广西某单位处级干部。

访谈时间：

2019 年 7 月 31 日

访谈故事：

人们总是习惯于寻找真相。可对于玉婉燕来说，那意外的真相来得太突然，也太过于残酷，倒不如一直躲在善意的谎言背后。

2016 年 9 月的某一天，对很多人来说是极其普通的一天，而对玉婉燕来说却是惊天动地的一天。这天，在广西某医院肿瘤内科住院部，一个冒失的新护士，把本该给家属签的材料，不假思索就直接递给了躺在病床上的玉婉燕。接过那一张薄薄的纸，看清内容后，玉婉燕顿时感觉天旋地转，恍若五雷轰顶：她的癌细胞竟然已经转移到肺部了！这是一个她无论如何也不愿意接受的事实，一个太过于残酷和冰冷的真相。

时间回到2015年的六七月，那段时间玉婉燕动辄觉得身体疲乏，干什么都力不从心，于是干脆跑去澳洲大女儿家中休养了40天。当时，她也没想到去医院做一个体检。直到2015年11月25日，老是觉得不对劲的玉婉燕终于从忙碌的工作中抽出一点时间去做了一次肠镜检查，没想到，竟查出了肿瘤，恶性的。玉婉燕是一个坚强的女子，做事风风火火，曾经担任广西某单位的处级领导干部，在短暂的慌乱之后，她很快就想明白了：积极治疗。医生说一般要做6至8次化疗，那她就做足8次，争取早日回单位上班。

玉婉燕本以为一切可控，很快，她就可以重新回到熟悉的办公室，回到之前正常的生活轨道。

只是，她的想法太过于简单了。2016年4月，在做了5次化疗后，经CT检查发现癌细胞已经转移到肺。家人不敢将这个消息如实告诉她。2016年8月，在女儿的连哄带骗下，玉婉燕转院到广西某医院肿瘤内科求医，之后就发生了故事开头的那一幕。厄运并没有因为她的痛苦而止步。2017年6月，发现癌细胞已经转移到了骨头，2018年2月发现癌细胞已经转移到了肝脏。

2015年至今，四年多的时间，玉婉燕一共做了60多次化疗。

虽然化疗往往伴随着痛苦，会经历恶心呕吐、脱发，但她坚持每21天就去医院住院做一次，几乎没停过。去做化疗就像原来去上班一样，成了玉婉燕生活中不可缺少的一部分。

“我想再多活两年。”在采访即将结束时，玉婉燕如是说。

在她说这句话的时候，我留意到，她的眼神不经意地瞥了一眼不远处的游泳池，一群孩子正在那里嬉戏，游泳池里水花四溅，孩子们清亮的欢笑声此起彼伏。

访谈面对面

何恒清（以下简称“何”）：**身患疾病后，你过的是一种怎样的生活？现在比较在乎的是什么？**

玉婉燕（以下简称“玉”）：患病以后，特别是知道癌细胞转移到肺部以后，彻底老实了，也不工作了，名啊利啊这些都顾不上了，毕竟，在生死面前，这些都不算什么。

现在去医院做治疗，每次去之前，心里都想：真好，又能去打针了。这意味着我还活着，而且有机会继续活下去。虽然痛，但是我很享受这个过程。

何：**当你躺在病床上，面临死亡的威胁时，想得最多的是什么？**

玉：当我得知自己恶性肿瘤已经转移到肺部，起初的那10多天，躺在病床上，很多小事都会引起我的思想波动：看到外面天气很好，阳光明媚，天空湛蓝，转念就会想，那么好的天气很快就跟我没什么关系了；看到好看的电视剧，情节扣人心弦，转念就会想，很快我就看不到下一集了，看不到后面的剧情发展了。死亡，居然离我这么近！我真的要死了吗？一边想，一边难过。

不过，我努力强迫自己别那么消极，尽量往好的方面想，进行积极的心理暗示：那个谁谁谁，病多重，现在不也活得好好的吗？我也要活下去，至少多活几年。心理暗示非常重要，几个月后，我慢慢地从恐惧死亡的阴影中挣脱了出来。

何：**你认为此次患病跟以前的生活有关系吗？**

玉：我想（这次生病）还是因为自己太大意了，没能及时检查及早发现。其实，我上初中时，就有便秘的现象，30 多岁时比较严重，有时三五天甚至 10 来天不拉大便，自己也不当回事。此外，就是饮食也比较放肆，大鱼大肉什么的也不懂得节制。

何：**与疾病做斗争这么多年，有什么经验可以跟大家分享？**

玉：第一，一定要找一家信得过的好医院，一个信得过的好医生。第二，心态非常重要，一定要调整好心态，心态阳光，就会积极治疗；心态阳光，就不会抱怨。不要因为自己生病，就把气撒在家人和医护人员身上。你心态阳光，乐观向上，不怨天尤人，家人、医护人员才更乐意照顾你，所有人才更愿意接近你、帮助你。不少生了病的人老是有怨气，好像别人欠他一样，那不好。人应该有一颗感恩的心，我能活到今天，特别感谢医院的治疗，特别感谢家人的爱，是家人的爱、大家的爱，让我愿意活得更久一些。第三，坚定信念，相信自己一定会好起来。

何：**经历这件事情以后，你活明白了吗？**

玉：我觉得就是要热爱生活、享受生活、接受生活。热爱生活，年轻的时候该拼搏就要拼搏；享受生活，人活在世上不能亏待自己，有句话不是说吗，不要人死了，钱还在；接受生活，人的一生，有的活得精彩，有的活得平庸，很多事情，特别是生老病死，不由自己控制，最后，只能坦然接受。想着有一天要离开这个世界，要说没有留恋，那是假的。但是你不接受，又能怎样？只会徒增痛苦。

何：**你是什么时候对死亡有概念的？害怕吗？**

玉：记得初中一年级的时候，有一天，莫名想到人会死亡，心底涌起一阵莫名的恐惧和悲伤。而近距离地接触死亡，则是1990年父亲的去世，虽然亲如自己的父亲，但是也不敢近距离接触，不敢触碰他，擦洗换衣都是由家里其他亲人料理的。真正感觉死亡在靠近自己，是在知道癌细胞转移到自己肺部以后，那时非常恐惧，整日睡不着，惶恐不安，一直在想，死了之后怎么办。从来没有人教过我们如何面对死亡。

现在，我一方面在努力治疗，另一方面也在想，假如真的到了那一天，最好能平静地离去，少点痛苦，少点恐惧，不要做无用的抢救。从容可能做不到，尽量坦然离去吧。

何：**生命余下的时光，你还有什么目标要实现吗？**

玉：如果在生病以前，天马行空，会有好多目标。病后，就没有了。大部分的时间，小孩去上学，老公出去工作，我就自己一个人待在家里。有时就琢磨这个问题，现在活着还有什么用？什么也干不了，对社会也没有什么贡献，对家庭也是个拖累。可是，我的老公和孩子丝毫没有表露出嫌弃我、不需要我的意思。他们跟我说，我在家就在。既然这样，为了一个完整的家，为了家人，也为了自己，我要努力活下去，努力再活两年。

访谈手记：

又能去打针了。

初听这话，我愣了一下，怎么会有这种想法呢？

玉婉燕笑着说，她现在把打针当作一种享受，因为这说明她还有机会治疗，还能继续活下去。那 60 多次的化疗，就是靠这种心态在支撑着吧。

换一个角度思考问题，一切就会豁然开朗。换一个角度思考问题，一切就会截然不同。失败，那是成功之母；苦难，那是磨炼我们的必经之路；黑暗，那是黎明前的序曲；生气，那是我们修为不够；遇到难题，那是督促我们向上提升的瓶颈……

跋涉在这人世间，谁不是一边崩溃一边努力地活着，一边擦泪一边笑着？为了我们深爱的人，为了深爱我们的人，我们必须找到一个理由支撑着自己往下走。

又“能”去打针了，而不是，又“挨”去打针了。

请记住！

一个人大脑最清醒的时候，我认为就是躺在医院病床上打点滴的时候。

——梅卫东

病床上躺久了的人，深知躺在病床上的不易！

访谈对象：

梅卫东，男，1956 年生，1995 年从老家江西到深圳做通信器材生意。现为深圳市肾病病友互助会会长。

访谈时间：

2019 年 9 月 27 日

访谈故事：

梅卫东于 2007 年查出尿毒症，经过两年透析后，2009 年 6 月终于盼来了做肾移植手术的机会。

一般人做肾移植手术，很快就可以出院了。而梅卫东做肾移植手术，断断续续，整整花了三年的时间，直至 2012 年 6 月才实现了真正意义上的出院。从病房到医院大门，短短的一小段路，梅卫东反反复复走了三年才真正跨了出去。在那三年里，他常常刚走出医院没几天又要收拾衣物重新入院，好消息刚来，坏消息就接踵而至，病情时好时坏，心情时喜时忧。好在，在这期间，梅卫东的太太不离不弃陪伴左右，三年时间，上千个日夜，硬生生地睡坏了两张陪护小床。

谈起往事，梅卫东依然感觉纳闷：为什么他的肾移植手术就那么不顺利呢？一般人肾移植手术后马上就有尿了，他术后三个多月才有尿；一般人肾移植手术后就不再需要做透析了，他肾移植手术后，还接着做了三个月的透析；一般人肾移植手术只做一次就可以了，而他在第一次移植手术后，大大小小又做了 10 多次手术。其中有一次，病毒感染引起了败血症，医院接连下了两次病危通知书，连梅卫东当时都以为自己快不行了。

这么多年，一次次手术修补，直到现在，梅卫东的尿管里还放着支架。这支架，每过一两年就要重新放置一次。

多年以后，有了解梅卫东经历的医生遇到他，都惊叹他竟然还活着。对此，梅卫东只是苦笑着说：“我还舍不得走。”

躺在病床上那么多年，经历了那么多磨难，对于尿毒症病人的痛苦与无助，梅卫东的感触比谁都深。2012 年 6 月，还躺在病床上的梅卫东托人帮忙注册了“深圳市肾病病友互助会”，心里暗暗发誓要为肾病病友做点事。说来也怪，在病友互助会通过有关部门批复而得以成立后，梅卫东的病竟然慢慢好了，最后真正出院了。这世上确实有一些事情巧合得令人感到不可思议。

出院后，梅卫东开启了他后半生的公益事业生涯。

连续四年，梅卫东在深圳组织“暖心年夜饭”活动，在除夕夜邀请那些生活困难乃至无家可归的肾透析病友在饭店吃年夜饭，再给每个人发一个红包。虽然只是一顿饭、一个红包，但这短暂的欢愉足以使那些陷入困顿的病友们在往后清冷孤寂而窘迫的生活里温暖良久。除此之外，在一些传统节日，如中秋节、端午节，梅卫东也时不时地邀请一些病友来到家里包粽子、包饺子，吃顿热乎的饭菜。

在梅卫东等人的努力下，现在，深圳市肾病病友互助会的志愿者队伍越来越强大，不但深圳所有医院的肾病科主任加入进来，还有 11 位市人大代表、两位省人大代表也加入进来。

虽然早已过了退休的年龄，但是梅卫东每天仍然忙忙碌碌，为“肾友”们的琐碎事务奔波。梅卫东说，很多人看到自己每天都东奔西走，忙的却不是自己的事，都觉得不可思议。

温暖那些需要温暖的人，慰藉那些需要慰藉的人，搀扶那些需要搀扶的人，这种发自内心的快乐和满足，也许，并不是每一个人都能感受到。

2016 年，梅卫东家庭被深圳有关部门评为深圳市“十大爱心家庭”。这也许是对他最大的肯定。

生命有时极为软弱，轻易就被侵蚀。

生命有时又极为坚韧，千疮百孔也仍能傲然屹立。

访谈面对面

何恒清（以下简称“何”）：**当身患疾病后，比较在乎的是什么？**

梅卫东（以下简称“梅”）：得病后，最在意的问题就是如何延长自己的寿命，争取多活几年。在肾移植“移友”的圈子里，谁活得时间长，谁就特别受到大家的尊敬，大家都努力向那些肾移植手术后活了10多年甚至20多年的人学习。

何：**当您躺在病床上，面临死亡威胁时，想得最多的是什么？又是怎样度过那段艰难时光的？**

梅：一个人大脑最清醒的时候，我认为就是躺在医院病床上打点滴的时候。我住院的那三年，经常需要打麻药，每次麻醉时间过后，伤口都痛得厉害，且又需要整夜打点滴，这时往往没法入睡。夜深人静，一个人呆呆地盯着天花板，回想一件件过往的事，想想这一辈子做了什么好事，做了什么不好的事，想想什么人对我好，什么人对我不好。有时更难免会想，有些人呀，我以前对他那么好，为他付出那么多，现在自己病得那么重都不来看望，心里相当失落。人在遭受病痛折磨的时候，是非常孤独、敏感和脆弱的。这时，有亲朋好友的关爱，和没人嘘寒问暖，是完全不一样的。

何：**经历过这件事以后，您有什么感悟吗？**

梅：都说久病床前无孝子，我病了那么多年，躺在病床上那么多年，都是家人在护理在陪伴，特别是妻子，那么多年不离不弃。不是简单的“谢谢”两字就可以表达我对她的感激之情。经历过生死之后，我最大的感悟是：一个人不能只为自己打算，要为更多的人做点事。

何：**您认为怎样才算不枉此生？**

梅：年轻时，在老家，在基层做事，也想过要争取担任更高一些的职务，一步一个台阶往上走。后来到了深圳，想法就渐渐改变了。这些年，和志同道合的病友一起做公益，也有酸甜苦辣，但是服务他人、关爱他人始终是很开心很踏实的。总的来说，我对我自己的人生是满意的。

何：**到目前为止，您做过的最值得骄傲、最引以为豪的事情是什么？**

梅：就是牵头成立了深圳市肾病病友互助会，通过这个组织，做了一些公益。目前，深圳市的尿毒症病友大约有 5000 人，其中 70% 都是农民工。这些尿毒症病友特别不容易，他们依靠每周三次的透析维持生命，有的因病返贫，有的因病“被离婚”。我就想着能尽力为这个群体做一些力所能及的事，让这个群体感受到温暖。

何：**生命余下的时光，您有什么目标要实现？**

梅：未来的日子，只要身体还行，就会继续为尿毒症病友服务。

访谈手记：

人生的路，许多人走着走着，懵懵懂懂快走到尽头才猛然发现好似没走过，又或者渐行渐远四顾茫然，找不到前进的方向。

如果没有那一场大病，如果没有那三年的住院治疗，如果没有那10多次的手术……梅卫东可能还会延续他原有生活的轨迹，继续在深圳做生意。用他自己的话来说，他可能会成为一个有一定资产的老板，这是非常有可能的，因为那是深圳经济迅猛发展的年代。

现实中，患病出院后，梅卫东走上了一条公益之路。自此，深圳少了一个不大不小的老板，多了一个为众多肾病病友服务的公益人。对于深圳这样一座特大城市来说，少了一个老板，几乎可以忽略不计；而多了一个公益人，却足以让这座城市温暖不少。

必须坦率地承认：公益圈，未必都是净土。但梅卫东说，做公益，就干干净净坦坦荡荡地做。梅卫东担任深圳市肾病病友互助会会长多年，不但没有乱用一分公益款，反而倒贴了10多万元。梅卫东60岁生日，女儿为他办生日宴会，收到一些礼金，他当场转手就分给了现场有困难的一些肾病病友。

曾经在病床上躺久了的人，深知那些躺在病床上的人的不易。给成千上万困窘中的人，带去一些温暖和慰藉，由此产生的满足感和成就感，不亚于做生意赚钱。

也许，除了金钱和权力，还有一些追求更能滋养我们的心灵。

我以为自己撑不过去了，就跟老婆说："实在不行了，你们就把我扔在这儿吧，不用带回柳州了。"

——韦宏奕

每一杯酒，都有可能化为日后的痛苦

访谈对象：

韦宏奕（化名），男，20 世纪 50 年代出生，广西柳州市某企业退休职工。

访谈时间：

2019 年 8 月 23 日

访谈故事：

韦宏奕好酒。10 多岁时就开始喝酒了。20 世纪八九十年代，韦宏奕在柳州市一家纺织企业工作。在一家以女性员工为主的企业，用韦宏奕的话来说，男员工的工作相对比较轻松，生活也比较单调，平时没事大家就喜欢聚在一起打麻将、喝酒、唱歌。韦宏奕说，那时熬夜打麻将、通宵喝酒是常有的事。

不知道是不是与此有关，韦宏奕在20世纪80年代末体检便发现了肝硬化，当时，他也就30岁出头。一开始，身体没有疼痛感，也不怎么难受，所以并没有引起韦宏奕过多的重视。一切也就照旧。到了2014年，病情开始恶化，出现腹水等状况并反复发作，此时，韦宏奕才紧张了起来，多次到柳州、广州等地医院求治。只是此时病情已相当棘手，往往刚出院没多久又住院，反反复复。医生说，只能是哪个指标高就帮他降哪个指标。到了2015年上半年，韦宏奕已发展到严重肝腹水，乃至肝昏迷了好几次，肝昏迷严重时，有一次连老婆都不认识了，怎么被送到医院的也完全没有印象。

事已至此，医生说，想要根治，只能想办法做肝移植了。

肝移植，谈何容易！好在，韦宏奕有一个能干且用心的女婿。在女婿的努力下，2015年9月，韦宏奕得以从柳州市远赴福建的医院检查，并在那里住下，为肝移植手术做准备。幸运的是，没多久他就等来了肝源，成功进行了肝移植手术，韦宏奕活过来了。

人是活过来了，代价是要忍受常人难以经受的痛苦。手术后，韦宏奕的身体排异反应非常严重，高烧不退，全身发冷，用韦宏奕的话来说就是“体温计都量不了温度”，脑子时常出现幻觉，感觉一步步在走向地狱。到后来，韦宏奕躺在床上，感觉全身每一个细胞每一根神经都痛得厉害。

更为痛苦的是，他在监护病房躺了14天后，刚从监护病房转入普通病房没几天，伤口突然裂开，肠子都流了出来。万分紧急之时，连麻药都来不及打，医生就在普通病房紧急对韦宏奕进行手术抢救、临时缝合。韦宏奕说，当时痛得死去活来，真正体验了什么叫痛不欲生。

入院时，韦宏奕体重130多斤，出院时不到110斤。20来天，体重掉了20多斤。

出院后，韦宏奕看到女婿拍摄的一张照片，那是手术摘出来的他原先的肝脏照片。韦宏奕说，照片中的肝脏就跟烤焦了的猪排似的，又黑又硬！那是他几十年用酒精浇灌的肝脏啊！

时隔多年，我不好猜想，韦宏奕最初看到那张照片时的感受，是不是有震惊、懊悔以及惶恐。只是，当时听了这番话，有那么一瞬间，我不寒而栗。

访谈面对面

何恒清（以下简称“何”）：**大病过后，你现在过的是一种怎样的生活？**

韦宏奕（以下简称“韦”）：现在的生活就是每天按时吃药，按时睡觉，一般晚上11点之前就睡了。

何：**你认为此次患病跟以前的什么生活习惯有关？**

韦：喝酒。喝太多的酒。

何：**当你躺在病床上时，想得最多的是什么？**

韦：我头脑比较简单，对待很多事情，不会想得那么复杂。

一开始，肝硬化也不会痛，每次从医院打完针就回家。我对病情也不太了解，什么都不懂，什么也不去想，也就没什么思想负担，没有什么悲观恐惧。只是，我也没想到后面发展得那么严重。

做肝移植手术后疼痛难忍，打了吗啡也只是见效几个小时，有时，实在是太痛了，我以为自己撑不过去了，就跟老婆说："实在不行了，你们就把我扔在这儿吧，不用带回柳州了。"

何：**手术好几年了，你现在看起来身体不错，有什么经验可以跟大家分享吗？**

韦：我现在把烟酒都戒了。当然，心瘾还在，有时看到好酒，也有喝两口的冲动，但是亲朋好友一般都拦着不让喝。夏天，每天早上都去柳江游泳，游到江的对岸。冬天，有时会去游泳池游泳。

（注：2019年9月，韦宏奕参加在西安举行的"第七届中国移植运动会"，并获得游泳比赛的优秀名次。）

何：**经历过这件事情以后，最想跟大家说的一句话是什么？**

韦：没有病痛那就最开心了。

何：**你害怕死亡吗？**

韦：说不怕死那都是假的。主要是看你怎么面对，整天在死亡的阴影下走不出来，那肯定不行。

何：**接下来你还有什么愿望想要实现？**

韦：病了以后，就算半个废人了。也没考虑那么多，顺其自然吧，开开心心过好每一天。现在，就是尽心尽力帮着女儿女婿带小孩，把小孩带好。

何：**你认为怎样才算不枉此生？**

韦：没想那么多，我很容易满足。自己有几斤几两自己也知道。我这一生，很平淡，平平淡淡也蛮好。不是每个人都有能力过得轰轰烈烈的。

何：**假如能重新来过，你将如何开启你的人生？**

韦：重新来过？我不会想这种问题的。

访谈手记：

韦宏奕是个想法相对比较简单的人。回答问题也都是三言两语。如果不是机缘巧合，我们也许很难有机会坐在一起聊。韦宏奕说起喜欢的事，那就是和朋友们喝喝酒、打打麻将；说起难受的事，就是手术时遭受的那些痛苦。

酒是好物。可助诗兴，“酒入豪肠，七分酿成了月光，余下的三分啸成剑气，绣口一吐，就是半个盛唐”；可化寂寞，“劝君更尽一杯酒，西出阳关无故人”；可赏美景，“明月几时有，把酒问青天”；可寄相思，“酒入愁肠，化作相思泪”；可解乡愁，“浊酒一杯家万里，燕然未勒归无计”……美酒催生了一首首诗歌名篇，成就了一个个星光熠熠的伟大诗人。

然而在当下，酒的“味”也在发生变化，一次次喝酒，渐渐演化为一场场“内涵丰富”的酒局。有人因为要托人办事而喝酒，有人因为想拿下一单业务而喝酒，还有人是因为想处好关系而喝酒……当然，也有不少人只是纯粹因为喜欢而喝酒，他们喜欢酒入口时的醇香，喜欢酒桌上的热闹，喜欢碰杯时的热烈，喜欢那种微醺的感觉。当酒杯举起，生活中所有的阴霾和不快被抖落。当酒杯举起，他们得以藏在酒中，无须面对现实中的鸡零狗碎。

在我们的身边，各路“酒仙”随处可见。我有一位长辈，打我记事开始，我就没见他有一天是清醒的。他整日拎着一个酒瓶，常常是刚出了东家，又进西家，哪里有人喝酒，他就到哪里，经常是从上午喝到下午，从下午喝到晚上，几乎每天都喝得醉醺醺，踉踉跄跄地晃荡在大街小巷。他因喝酒而快乐，最后，也因喝酒而痛苦。

如果早知道过量任性喝的那些酒，每一杯，都有可能化为日后手术室里的痛不欲生。我们举起酒杯的手，会有些许的犹豫吗？

我心里明白，当我得到一个肾，那就意味着有一个人失去了生命。

——吴小峰

一念地狱，一念天堂

访谈对象：

吴小峰（化名），男，1968年生，2000年从江西老家到深圳务工。

访谈时间：

2019年9月27日（当面采访）

2019年9月30日（电话采访）

访谈故事：

“我这辈子恐怕是来赎罪的。”在深圳的一家茶楼，一见面，谈到自己的病情，吴小峰就这样笑着说。

自患尿毒症以来，吴小峰每周要跑三次医院做透析，每年就是 150 多次，11 年就是 1700 多次！

1700 多次被毛线针那样粗的针扎进血管。“相当于千刀万剐了。”吴小峰苦笑道。

10 多年前，吴小峰从江西老家来到深圳。与千千万万来到这里寻梦的人不太一样，吴小峰那时的想法简单而朴实，就想在深圳拼几年苦几年，积攒一点小钱，然后回老家做点小生意，在家过上“早见父母晚见妻”的平凡日子。

刚到这座陌生的城市，一开始吴小峰只能靠打各种短工度日。幸运的是，没多久，他找到了一份相对稳定的工作——开公交车。这份工作的在岗时间有点长，他有时一天要开 14 个小时车，有时连续工作一个月都不能休息。为了按时到点，他一般到了目的地才下车小便。但总的来说，各项收入和福利待遇都比打短工时好多了。这对当时的吴小峰来说，已是非常难得的一份工作。如果不是一场突如其来的大病，他可能至今还开着公交车在一个个站点之间奔忙着。

2005 年，“世界高血压日”那一天，吴小峰记得很清楚，当时深圳一家医院正在搞义诊活动。由于那段时间老是感觉头痛，血压也有点高，吴小峰便想去看看。医生听他说了基本情况，就说：“你那么年轻，又那么瘦，不像是有高血压的样子。估计不是肾有问题，就是心脏有问题。”果不其然，当天一查，就查出了慢性肾功能衰竭（后来发展成了尿毒症）。

住院治疗一段时间后，吴小峰遵照医嘱在家休养。因为上有老、下有小，经济条件不是很好，光靠妻子的收入难以维持生活，半年后，吴小峰重新回去上班。

只是，高强度快节奏的工作，病弱的身体实在难以支撑，没干多久，吴小峰无奈再度离职。2006 年至 2010 年，那几年是他人生中最为灰暗最为痛苦的岁月。离职在家后，很长的一段时间里，吴小峰不想出门见朋友，也不想锻炼身体，整天就是坐在电视机前，一直在麻木地换台，就像一个机器人。因为不上班，没有收入，医药费、生活费全靠老婆的收入承担，他不但经济上有压力，心理上也有压力。这种情况下，他心情焦虑，和家人的关系也日渐紧张，经常是刚跟岳母拌完嘴又跟岳父起冲突，转身又跟老婆闹别扭。最无助的时候，吴小峰呆坐在海边的悬崖一整天，好几次想要跳下去。

2010 年，他的生活慢慢有了转机。那年，吴小峰开起了出租车。因为经常在家附近的小区转，他慢慢有了一些熟客，有些客人在了解到吴小峰的情况后，很乐意和他聊天，对他进行各种心理疏导。就这样，在小轿车相对封闭安静的环境下，一个焦虑的抱怨生活的慢性肾功能衰竭（尿毒症）患者，和那些乐观豁达的乘客——有时候是一位教授，有时候是一位心理医生，展开一场场心灵的对话。

日复一日，或许是那一次次海阔天空、循循善诱，温暖而鼓舞人心的对话潜移默化地改变了吴小峰，又或许只是因为走出家门，有了活干，有了收入，吴小峰就完成了自我救赎和自我蜕变，从画地为牢的困境中走了出来。

访谈面对面

何恒清（以下简称“何”）：**当身体还比较健康时，你过的是一种怎样的生活？**

吴小峰（以下简称“吴”）：生病之前开公交车，比较辛苦，精神高度紧张。出了事故，剐剐碰碰的，都要自己负责——如果报保险，公司就要扣各种奖金。所以不工作的时候就比较喜欢吃好吃的，什么稀奇古怪的都敢吃。周末则经常熬夜看电视，一般看到一两点钟才睡觉。

何：**你个人认为此次患病的原因是什么？**

吴：喝水少，经常憋尿。此外，经常熬夜，也是一个原因吧。

何：**当你躺在病床上，想得最多的是什么？是怎样度过那段艰难时光的？**

吴：2009年，经过一段时间透析之后，我有了失衡反应（透析失衡综合征），头痛，非常难受，感觉像有人一直拿棍子在敲打我的头。有两次，甚至动了自杀的念头。记得有一次跟老婆吵架后，一个人跑到大海的悬崖边，呆呆地坐了一整天。面对茫茫大海，好几次想跳下去，耳边似乎总是有一个声音在说，跳下去吧，跳下去吧，家里吵吵闹闹，又一身病，这样活着真没意思。

然而每次到了将要放弃的最后关头，我总是想起我的父母，想起我的孩子。我的父母养育我们兄妹几个，非常辛苦。记得小时候，父亲每天风里雨里要骑自行车到20公里之外的地方去上班，母亲则每天凌晨三点钟就早早起来做我们当地的一种早点，天还没亮就拉去街上售卖。我就想，如果我走了，自己倒是一下就解脱了。可是，对父母的打击是巨大的，对孩子的打击更是巨大的。为人子，为人夫，为人父，我不能只为自己而活，再大的苦难都要扛着。

何：**跟疾病斗争这么多年，有什么经验可以跟大家分享吗？**

吴：刚患病时，心情糟糕到了极点，那时一肚子怨气，老是抱怨命运不公："为什么偏偏是我摊上这种病？为什么是我？"脑子里一直塞得满满的都是这样的问题。

要说经验教训，我建议朋友们不要把自己孤立在家里，不管遭受什么样的重病打击，都要经常跟亲戚、朋友、同学以及身边的人聊一聊，宣泄宣泄，把心态调整好。心情好，免疫力就会增强。

何：**大病之后，你最大的改变是什么？**

吴：现在看淡了很多东西。以前有些东西在我眼里非常重要，比如钱。现在意识到并不是你赚到多少钱，拥有多少套房，拥有多少豪车，就是成功的好的人生。好多人年轻时拿命换钱，等到年纪大了，又拿钱换命。我们来到这个世界上，享受到了别人为我们提供的便利，却很少去想，自己又为别人做了些什么，帮助了多少人，做出了怎样的贡献。把这些问题想清楚了，就有事情做了，把这些事情做好了，我认为，那才是好的人生。

大病后，我得到了很多人的帮助。现在，我加入"深圳肾病病友互助会"做义工，也想着力所能及地帮助一些需要帮助的人。这算是给那些曾经帮助过我的人一种回应吧。

何：**我了解到，你在等待肾移植手术的机会，这是一种什么样的心情？**

吴：其实，我心里明白，当我得到一个肾，那就意味着有一个人失去了生命。（说完这句话，吴小峰沉默了许久。）一切随缘吧，不需要强求，也不需要急切地想得到什么。

访谈手记：

这是一个迁徙的时代。我们经常在路上，从此处到彼处，从故乡到异乡。怀着不同的目的。

吴小峰是这个时代浪潮中的一滴水，他从江西乡下来到深圳，抱持的愿望，和其他离开故乡外出打拼的人一般美好。只是，愿望虽美好，实现却不易。多少人，怀揣梦想踏出家门，没想到，往后的日子就一直拼着、漂着，漂着、拼着……陷入某种循环，与故乡渐行渐远，与父母渐行渐远。

这是吴小峰的宿命。这也是这个时代很多人的宿命。在现实与梦想、异乡与故土、过去与未来之间，虽频频回首，还是要艰难地挪动脚步踉跄向前。

一场大病，吴小峰经历了失业、无所事事、家庭关系紧张，经历了焦虑、苦闷、惶恐。一场大病，吴小峰经历了“画地为牢”，自我封闭。

所幸的是，吴小峰渐渐走出来了。从悲伤失望到积极乐观，从烦躁不安到心态平和，从抱怨天抱怨地抱怨命运不公到感恩家人、感恩医生，感恩生命中遇到的每一个人。

一念地狱，一念天堂。

我们最难过的是自己心里的那一关，心关。很多时候都是如此。

我认识的一个朋友，在很长的一段时间里，诸事不顺，以至于性情乖僻，满腔愤怒，总是认为周围的人待自己不够友好，认为别人皆负了自己，认为命运唯独对自己不公。他把自己封闭起来包裹起来，浑身像长满刺一样，刺得身边的友人纷纷躲避，甚至与他的父母、他的伴侣都势同水火。奇怪的是，突然有一天，不知道是什么触动了这位朋友的脑神经，或许因为一本书，或许因为一个故事，或许因为某人的一句话，总之，大家发现，这位朋友渐渐变得温和起来。

当心念未转，画地为牢时，处处是墙壁，处处是藩篱；当心念一转，豁然开朗时，哪里都是出路，举目皆是通途。心念未转时，晴空变阴霾，人人面目可憎；心念一转时，阴天亦朗日，个个眉慈目善。

心念一转，破除心中之贼，一关过，关关过。

生死十记·VIII

让自己“死”一次

让自己“死”一次，在今夜，在此时。

让一切归零。让该痛哭的痛哭，该难过的难过，该漠视的漠视，该庆幸的庆幸，该窃喜的窃喜。

想象着你已不在，你已不属于任何人，不属于任何家庭、任何组织、任何圈层。当然，也没有任何东西再属于你，你名下的房子、车子、家具、收藏、银行存款、股票，你的办公室、你的职位，你视之若珍宝的，你攥在手里不肯放手的，乃至你爱的人和爱你的人……你不再拥有什么。

让自己“死”一次，在意念中。

想象一下，你“死”之后，魂灵缓缓升起，在高处，俯视着这个世界。你将看见什么呢？你将看见，每天太阳还是会照常升起照常落下，每家商店按时开门按时打烊，街上还是熙熙攘攘，人们想要的东西还是越来越多。你将发现，你曾经上下班的那条路，没有人觉察出少了一个人；你办公的大楼，一切有条不紊，你的办公室很快就会安排进来新的同事；你熟悉的人们，该吃饭的还是吃饭，该举杯的还是举杯，该睡觉的还是睡觉。

少了你，这个社会一切照旧，没有任何不同。

你“死”了之后，家人也好，单位也好，会给你布置一间灵堂。灵堂上，会有你的遗像。遗像前面，有人庄严肃穆，有人神情哀伤，也有人不以为意。这些，你都看在眼里。当然，灵堂上还要进行一项最重要的仪式，那就是宣读给你的悼文。此时此刻，你终于知道世人对你的评价。

不管这些评价是不是符合你的判断，有没有你想要的肯定，你都无力改写。

你“死”之后，很快，就被装进一个小小的盒子，或存放在柜子中，或埋葬在地下。如果幸运的话，你将拥有一块墓碑。精美的墓碑上有你的名字，有你的墓志铭，告诉世人地下埋的是谁，曾经做过些什么。

别人为你刻下的墓志铭，也许并不如你所愿。不过，也无所谓了，因为墓碑竖起来后，来看你的人就渐渐变少了。此后，这里将陷入长久的孤寂。此后，你将渐渐淡出大家的视野。陶渊明的《挽歌》对此有精彩的描述:“向来相送人，各自还其家。亲戚或余悲，他人亦已歌。”

渐渐地，谈起你的人会越来越少，记起你的人也会越来越少。可是，总有那么一些人，会将你铭记于心，只要一谈及你，总会流露出怀念，流露出感激，流露出留恋和不舍。只要这些人还在，你就没有真正死去。你还活在他们的心里，活在他们的记忆里。

让自己“死”一次，你会得出答案：什么是你在乎的，什么人在乎你；什么是你放不下的，什么人放不下你。

让自己“死”一次，你将不再害怕死亡。著名社会学家李银河写过这么一段话：“我想把每晚睡去想象为死亡，因为它有一段时间是全无知觉的，确实跟死亡很相像；把每天早上醒来想象为出生，因为这样才能使我的生命中新的一天过得有新奇感、兴奋感。……经过这样的演练，我希望在死亡到来的时候我的心情会无比平静，因为我已经无数次地演练过死亡。”

现在，你也已经是“死”过一次的人了。

此时，重回人间，如果你还有一次机会反悔，你一定有什么想要改写吧——那生命余下时光的剧本。

Chapter5

第五辑

请记住，
我们终将死去

我们终将死去，

不如乘兴而来，

尽兴而去。

生死十记 · IX

请记住，我们终将死去

我们终将死去。

很抱歉，我是如此直接、坦率、粗暴以及赤裸裸。

不管你愿不愿意，死亡就在那里，终点就在那里，那是所有人的终点，这其实很公平。在这条路上，没有人能停下脚步，也没有人能后退。不管你是在奔跑，还是躲在被窝里睡觉；不管你是幸福得冒泡，还是正遭遇不幸；不管你是家财万贯，还是一贫如洗——时针在转动，终点在前方。

当我们在谈论死亡的时候，人们常会惊恐地张望。但其实，没有必要如此恐惧。古希腊哲学家伊壁鸠鲁说：“当我活着的时候，死亡还没有降临；当死亡来临的时候，我已经不在场了。”所以，我们为什么要害怕那我们已不在场，我们也永远捕捉不到的东西呢？

也许，我们害怕的不是死亡，我们害怕的是，自己还不曾真正地活过。我们每天都被时代的潮水、身旁的人潮推着前行。我们经常说着言不由衷的话，很少能够按照自己的意愿而活，未曾理解怎样才是“淋漓尽致地活”。

我们来过，我们也没有来过。

既然结局已经注定，答案已经写好，我们为什么不摆脱浑浑噩噩的状态，为什么不突破自己的舒适区，试着去求索此生可以达到的高度？

金庸老先生说：人生，不过就是大闹一场，悄然离去。

请记住，我们终将死去。

这不是诅咒。这如同一记响亮的耳光，能够打醒昏睡中的人，为我们撕去人生的重重迷障，看见生命的本原。

喋喋不休于我们终将死去，是想告诉大家，时间已经不多了，终场哨声就要吹响。不管你是剩下 30 年、50 年，还是剩下 3 个月、5 个月，时间总是有限的。在这有限的时间里，这个世界还有很多美好等着你去发现，等着你去欣赏。在这有限的时间里，你还有什么未竟的心愿？你是否愿意就这样，无动于衷一直耗到生命的尽头？

喋喋不休于我们终将死去，是为了让我们紧攥的手轻轻松开。我们一辈子都在抓取，抓取一切能够抓取的东西。可是总有一天，我们要两手空空而去。

喋喋不休于我们终将死去，是提醒我们要珍惜。珍惜眼前的欢愉，珍惜眼前的人，珍惜此刻的清风明月，珍惜拥有的一切。

喋喋不休于我们终将死去，是为了让我们尽早参悟生死，微笑着直面生死，当有一天死神来拜访时，我们能够坦然地对身边的人说：我先走一步了。

喋喋不休于我们终将死去，仅仅是为了谈论死亡吗？不。是为了学习活着，为了学习如何好好活着。

人生是一个大泥潭，我们都是深陷在泥潭中苦苦挣扎的人。而死亡，是我们抬头能看见的最闪亮的那颗星星，它穿透黑夜，照亮我们的周遭，使我们能看清楚：我们身处何方，我们要去往何处。它使得我们得以把脚从泥潭中抽拔出来。

如果说人生是一场梦，那总会有醒来的那一天。

大梦谁先觉？

就是因为人生短暂，所以我们才更要珍惜，把它过好，过得有意义。治病救人，于一个医生而言，就是最大的意义。

——孔盾

手术与被手术，一位外科医生的生死感悟

访谈对象：

孔盾（化名），男，1982年生，广西某大医院小儿外科副主任医师。

访谈时间：

2020年6月14日

访谈故事：

孔盾是国内最早一批能熟练操作达芬奇机器人进行手术的外科医生，同时，他也是第一个躺在手术台上接受达芬奇机器人做

手术的外科医生。也就是说，他是一名医生，同时，也是一名病人；他是一名手术者，同时，也是一名被手术者；他拿起了手术刀救人无数，同时，手术刀也划过了他的身体。

这是一种什么样的感受呢？与孔盾聊了两个多小时，我一直开不了口直接问孔盾这个问题，不仅是出于礼貌、出于尊重，而是其实我心里早已明白，有些况味只能一个人独自体味。

孔盾是一名优秀的小儿外科医生，刚毕业做住院医师那三年，大部分时间都泡在医院。轮到自己值班的时候不用说，即使不值班也会主动帮忙，参与到很多手术中。在做住院医师的时候，孔盾已经可以完成大部分高难度手术了。多的时候，孔盾一年做上千例手术，少的时候也有 500 例左右。一个年轻的医生一年有这么大的手术量，即使放在全国来看，也不多见。

一年做上千例手术的背后，是长期超负荷的工作状态。2012 年至 2017 年，孔盾每天的睡眠时间只有四五个小时，少的时候甚至只有两三个小时。因为睡眠严重不足，孔盾拥有了秒睡的能力，有时做完手术太累了，就倒头躺在手术床上眯一会儿，休息个 10 来分钟。

时常躺在手术床上休息，也不知什么时候，迷迷糊糊之间，孔盾脑海里曾闪过这样一个念头：会不会有那么一天，躺在手术床上需要开刀做手术的人变成自己？

没想到，这个脑海中的“不祥”闪念，数年后竟然成为现实。2017 年的一天，孔盾感觉身体不舒服，就去做了个 B 超检查，帮忙检查的同事惊叫起来：“坏了，长了个东西！”

作为一名外科医生，孔盾对其他的癌，比如胃癌、肠癌、前列腺癌、甲状腺癌等，并不是特别害怕，他最希望避免的就是肝癌，万万没想到他正是肝部长了个东西。

访谈面对面

何恒清（以下简称“何”）：**你是怎么想到选择从医这条路的？**

孔盾（以下简称“孔”）：我小时候身体不太好，几乎每半年就要住院一次，对于打针吃药早就习以为常。小时候，我还遭遇过两次意外：一次因为氢气球爆炸被炸伤，住进了 ICU 病房；一次做好事，不幸从悬崖上掉了下来。成长路上磕磕绊绊，家里人一直希望我长大后能学医。

何：**你认为此次患病跟什么因素有关？**

孔：我想是跟过度疲劳有关。2017 年年初，我们开始筹备小儿肝移植项目，做这些工作，外地团队一般需要好几十个人，而我们科室才三五个人，事无巨细，要把所有核心技术整合起来，非常繁琐非常辛苦。其间有时还要轮值儿科急诊，从下午 6 点到第二天早上 8 点都在接诊——最忙的时候，一个晚上需要看 100 多个病人。每次值完班，第二天早上交班时，疲惫不堪，整个人感觉都要虚脱了。

何：**患病以后，把消息告诉家人是一个艰难的决定吧？**

孔：拿到 B 超和 CT 结果后，我一夜未眠，心里一直在想：

人们不是常说善有善报吗？我做了那么多手术，救了那么多人，为什么会这样呢？煎熬了一个晚上，一直等到第二天，我才忐忑不安地把实情告诉妻子。但我一直都不敢跟父母说，我是独子，父母从小就担心我的身体。过了好几天，我跟我的导师打电话，泣不成声，说自己实在没办法和父母说出这个事，拜托导师跟父母说一下。

何：**之前你作为一名外科医生，看惯了生生死死，后来自己也亲身经历了生死考验，对此你有什么特别的感触吗？**

孔：对于生死，耳闻目睹跟自己亲身经历过，那是完全不一样的。做完B超、磁共振检查的当天晚上，回到家躺在床上，我看着躺在身边睡熟了的老婆孩子，眼泪禁不住哗哗往下掉。因为担心吵醒老婆孩子，一直强忍着不敢哭出声来。那一个晚上，我完全没有合眼，脑子里尽是想着怎么处理后事，想着什么时候把银行卡及密码等交代清楚，想着要通过什么样的方式留下资料陪伴孩子，嘱咐他们成长路上要注意的事。

以前可能是因为年轻，老是给自己加压往前冲。现在则一切顺其自然，能活着就好，活着就有希望，生命没有了就什么都没有了。现在特别珍惜感情，重视跟朋友们的那种没有功利的聊天、聚会，注重陪伴父母、爱人、孩子。

我现在也还是在临床一线做手术，还是努力做好工作，但是心态跟以前不太一样。现在每天醒来还能感受到呼吸的顺畅，还能品尝到食物的味道，还能看见家人在面前，就很开心。以前开车在路上遇到拥堵时会烦躁不安，现在即使寸步难行也不是很着急。因为我还活着，这比什么都重要。

何：**大病之后，你会为之前那么拼命地工作感到后悔吗？**

孔：大病之后确实经过一段很长时间的思考：自己之前没日没夜地做手术，如果倒在手术台上，老人、妻儿没人照顾，到底值不值，到底还要不要继续下去？但终究还是想明白了：治病救人，始终是一件非常有意义的事情。想明白了，也就下定决心继续专注事业。当然，同时也要照顾好自己。

以前每天的日程都安排得满满的，常年在医院随便应付着吃，现在稍稍回归生活一些，尽量争取回家陪家人吃个饭。

何：**做了那么多年的外科医生，做了那么多手术，有哪一台手术是你印象比较深刻的？**

孔：之前出诊碰到一个孩子，5 岁，阑尾炎，第一次诊断出来，家长不同意做手术，回家了。没几天，急诊科叫去会诊，一看，正是之前那孩子，生命垂危了，才急急忙忙又送过来，送来时已经休克了，脸色像纸一样白，心跳随时都会停掉，很可能在上手术台的路上就死亡了。当时看到这情形，我一下就急了，马上请 ICU 的同事帮忙把血压控制住。当时想，只要能插管就开刀，连麻醉都不用。因为当时病人已失去了知觉，随时可能死亡。打开肚子，里面一团烂肉，像糨糊一样，肠子都烂了。后来一节节切断，再重新连接。做完手术后，血压稳定了，人基本活下来了。几天后，又烂掉（预料中的事情），又重新缝合，接连开三次刀缝合，最后才完全好起来。后来这家人每次见到我，都是全家人 90 度鞠躬致谢。

通过这个病例，我想提醒大家，生病了还是要认真听医生的。不然，小病都有可能要命。

何：**作为一名小儿外科医生，从医的感受跟普通的外科医生有什么不一样吗？**

孔：每个孩子都是一个天使，他们活泼可爱、天真无邪，会让你的心一下就变得柔软起来。有些母亲中年得子，得之不易，也许她们一辈子再也没有机会怀孕了，这个孩子就是她这辈子的希望。这都驱使着你必须全力以赴地去抢救那些如花朵一样的孩子。

何：**每成功做了一台手术，救活一个危重病人时，你有怎样的感受？手术是有风险的，每年做上千台手术，难免有手术不成功的时候，那种时候应该很难受吧？**

孔：早期每救一个人都很有成就感。但是时间久了，这种感觉就没那么强烈了。我们经常是在半夜或凌晨做手术，做完手术已经很累了，也不会再去想太多。

如果遇到救不了的，有时自己会找个地方躲起来哭一会儿，待情绪平复后，继续全身心投入下一台手术，救下一个人。

何：**到目前为止，你做过最值得骄傲的事情是什么？**

孔：2015 年，我 33 岁，在首都儿科研究所进修，当时已经可以做四级手术了。在那样的年纪，能做四级手术的医生在全国范围内也没有多少。目前，可以做肝移植手术及操作达芬奇机器人的年轻医生也不是很多——而且我是从零基础开始，第一年参与完成的肝移植手术病例 100% 存活。

何：**之前的生活里最大的遗憾是什么？**

孔：爷爷的过世，对我来说是最大的遗憾，对我触动很大。我心里想，连爷爷都救不了，还学什么医？也是那个时候开始用功，开始对手术和病人的救治力求完美。

何：**你是否想过，我们在这世上忙忙碌碌到底为了什么？**

孔：对于个体的人生来说，最重要的是过程，酸甜苦辣都是味道。相对于宇宙长河，人类个体渺小得不能再渺小了，但人是有感情的，在感情的世界里，却又可以浩瀚无边，再渺小也可以丰富多彩。就是因为人生短暂，所以我们才更要珍惜，把它过好，过得有意义。治病救人，于一个医生而言，就是最大的意义。

访谈手记：

这是一个需要奔跑着前进的时代。更准确一点说，现代人被很多东西裹挟着不得不往前奔跑。总有很多理由让我们日夜兼程——为了更好的生活，为了前程，为了梦想。

一路狂奔，难免有些人会摔倒，甚至完全倒下。

那些完全倒下的，就永远倒下了。而那些遭受命运重创，还没有完全倒下的，还有机会去反思，去放缓脚步。

大病之后的孔盾意识到一个最简单的事实：没有生命，就什么都没了。一个优秀的外科医生，只有健康地活着，才能一次次站在手术台前，才可以从鬼门关救回更多的人。

很多有机会重新站起来的朋友，在逃过一劫后，选择了“看淡”，看淡功名利禄，看淡得失。这与之前的奋力狂奔形成鲜明的对比。

我有一个朋友，属于社会精英，工作起来常年无休。他不但自己没日没夜地工作，经常半夜两三点还在看邮件改方案，而且要求下属的手机必须24小时开机，大家都像绷紧了的发条一样全速前进。他的口头禅是：市场不会休息，竞争对手不会等你。前两年，由于长期在高压下超负荷工作，这位朋友的身体垮掉了，弥留之际，面对老母亲及娇妻幼儿，泪流满面，痛悔不已。

我们都是狂奔大军中的一员。或许是时候审视自己的步伐了：很多时候，我们是不是跑得太快了？太快了，我们的身体可能会跟不上。而太慢了，很多精彩则有可能错过，当走到生命的尽头又会悔恨不已。是该快一些，还是该慢一些，没有人可以告诉我们答案。或快或慢，每个人的节奏也不尽相同。或许，每个人都该找到自己的节奏，按自己的步伐前行。

如果有来世，希望还能遇见今生共同生活的家人和结识的朋友。

——覃维玲

当繁华落尽，我们将更加靠近生活的本质

访谈对象：

覃维玲（化名），女，20世纪60年代出生，某省直机关工作人员。

访谈时间：

2019年5月23日

访谈故事：

如果不是事先知情，我断然不会想到坐在我面前的覃维玲曾是一名乳腺癌患者。她是一名公务员，有着机关干部特有的

气质，谈起多年前的患病经历，神情自然，娓娓道来，好像是在谈一个不相关的人的故事。

2012 年下半年，覃维玲在外地培训，好几天的时间里，背部疼得厉害且伴有低烧，有几次差点就要晕过去。但覃维玲那时正忙于应对工作上诸多琐事，并没有意识到这是身体发出来的求救信号。很多人也大都如此，总是忽略了自己的身体，总以为当下手头的事情更为重要。

在这之后不久，有一天，覃维玲无意中摸到自己右乳外侧有一小颗玉米粒大小的硬块，于是便一下紧张起来。她慕名找到某大医院的一位声名在外的专科医生帮忙检查。只不过，检查过后，那位医生认为这并非肿块。覃维玲错过了一次早期发现疾病的机会。

时间到了 2013 年年初，由于心跳过快，覃维玲两次去医院急诊科就诊，都被误以为是更年期症状，领了一些降压药就回家了。由于症状一直没得到缓解，覃维玲心里的石头始终放不下，于是干脆住进医院心内科，做了所有跟心脏相关的检查。令人遗憾的是，这一次的全面检查，同样也没能发现什么问题。出院前夕，心里始终不踏实的覃维玲找到一名经验丰富的影像科主任重新做了一次 B 超。这一次 B 超终于发现乳腺有大问题。

B 超发现问题后，再经专科医生诊断，覃维玲这才由心内科病房转到胃肠腺体外科病房。经穿刺病理分析，最终确诊是乳腺癌。

覃维玲病情的确认几经波折，并不常见，但是也提醒了我们：一方面，看病要相信医生，相信专业人士；另一方面，自己的感觉也非常重要。毕竟，上帝也有打瞌睡的时候。

2013 年 3 月 25 日，覃维玲做了乳腺癌根治术。随后，开始化疗。

覃维玲说，她是一个比较倔强的人，生病了也不想让别人知道。不愿意像祥林嫂一样，每看到一个人就絮絮叨叨自己为何患病、如何发现，后来怎样治疗，怎样痛哭流涕。她不想被别人同情。

每次做完化疗，覃维玲就正常去单位上班。第二次化疗后，覃维玲的头发开始大把大把地脱落。看着镜中日渐稀少的头发，覃维玲默默地从网上买了顶假发。戴上假发，继续正常上班。在很长的一段时间里，单位都没有人知道她患了大病。

“只有在医院面对医生的时候，我才感觉自己是一个病人。”覃维玲如是说。

访谈面对面

何恒清（以下简称“何”）：**当身体还比较健康时，您过的是一种怎样的生活？那时，比较在乎的是什么？**

覃维玲（以下简称“覃”）：身体没病的时候，主要精力都花在工作上。或许比较在意工作的成绩，追求完美，我经常处于一种焦虑的状态。要说在乎什么，实话实说，在机关工作，那比较在乎的就是能力是否得到认可，包括上级、下级的认可。

何：**当身患疾病后，您现在过的是一种什么样的生活？现在比较在乎的是什么？**

覃：如今把“评优”、职务升迁都看作身外之物了。患病之后不久，我就主动申请改任非领导职务，工作也相对轻松了一些。现在就想着如何把身体调养好，同时，也把重心慢慢转移到家庭中。以前我和爱人每天都是忙忙碌碌的，早餐、中餐都是各自在外面将就着解决，各吃各的。现在中午都是两个人共进午餐，尽量多一点相处的时间。周末则是和孙子、孙女在一起，嬉戏打闹。现在挺享受做奶奶的角色，享受天伦之乐。

何：**您害怕死亡吗？**

覃：从一开始发现病情，到做完手术后的前 5 年，内心还是比较焦虑和恐惧的。那时，看着身边有些一起做治疗、做化疗的病友，做着做着人就没了。病后大概有 5 年的时间，我把自己封闭起来，把手机号码都换了，与很多同学、好友都断了联系。近几年，每年复查指标都是好的，应该说算是痊愈了，一颗悬着的心也就放下了。

这些年，一个接着一个送走了年迈的爷爷、奶奶和父母，对于生死的态度也在悄然发生变化，渐渐变得淡然，顺其自然吧。

何：**一生中最美好的时光有哪些？**

覃：记得读小学时，正是“十年浩劫”时期，父亲在那场运动中被打倒，有段时间不能教书，被发配去农村种甘蔗。那时，我的老师不但没有歧视我，反而把我当自己的女儿一样照顾。有一次，要填报家庭成分，老师特意叮嘱我来晚一点，最后一个填写，以免其他同学看到我的家庭信息而歧视我。今天想起这些，仍然感动不已。

何：**生命余下的时光，您有什么愿望要实现吗？**

覃：退休之后希望每年都能出游几次：北京枫叶漂亮的时候，就去那里住上一段日子；贵州的油菜花开了，就去拍几张照片——像候鸟一样，哪里美好就去哪里，追随美好而去。

何：**如果人生可以重来，您想如何度过一生？**

覃：如果有来世，希望还能遇见今生共同生活的家人和结识的朋友。

访谈手记：

面对突然降临的重大疾病，有人选择跟亲朋好友倾诉，借以纾解压力，寻求安慰；有人选择“好汉脱牙和血吞”，默默扛着，独自舔舐伤口。生活中这两种状况都有。不能说孰优孰劣，不能说哪一种好哪一种不好，每个人都有权利选择自己感觉最舒服的处事方式。

除了至亲，覃维玲几乎没告诉任何人自己的病情，甚至一度消失在各种同学圈、老乡圈和朋友圈中。也许，覃维玲是以另一种方式在维护着自己的尊严。对于一些人来说，自尊，比其他的一切都要重要得多。这或许也是一种坚强，别样的坚强。

当然，这种坚强，可能只是在外部——在职场、在路上、在人群中。当卸下铠甲，我们才能发现她内心不一样的呈现。访谈中，覃维玲不经意间提及，患病之前工作日的午餐，都是和丈夫在外面各吃各的，现在中午都是和丈夫一起共进午餐。这是日常生活中一个非常细微的改变。平常、简单、自然，但是却让人感到无比温馨。两个人静静地挨着坐在一起，你知道我在你的身边，我知道你在我的身边。每多了一次共餐的经历，就多了一次相守，就多了一份共同的记忆。

“日子再忙，也有人一起吃早餐。”这是刘若英在《当爱在靠近》中唱出的一句歌词。从覃维玲办公室出来后，回望那栋机关大楼，看着马路上熙熙攘攘的人群，这句久违的歌词，突然就从我的脑海中蹦了出来，并一直在循环播放。

或许，当繁华落尽，我们将更加靠近生活的本质。

我不走运，这辈子抓到一副烂牌，没办法，咬着牙也要打下去。

——江璐芸

累了，就歇一歇

访谈对象：

江璐芸，女，20 世纪 80 年代出生，某三级甲等医院的医生。

访谈时间：

2019 年 8 月 22 日

访谈故事：

江璐芸是一名刚毕业没多久的临床医生。她所在的医院，我再熟悉不过，十多年前，我刚到新闻单位工作时，就经常到她们医院采访。只不过，那时的采访，多是请医生传授健康保健知识。像现在这样，采访一名年轻的医生，而且是一名刚刚经历过生死的医生，这倒是我从未想到的。

就像许多普通的年轻人一样，江璐芸熬夜、晚睡，一般深夜12点至凌晨1点才会上床休息，早上则需要在7点钟起床。在医院临床一线工作，江璐芸已经习惯了上班黑白颠倒，习惯了在ICU忙起来时，有时整个晚上都无法休息。

2017年，江璐芸患上了一般女性四五十岁才比较常见的疾病——宫颈长了个肿瘤，而且是恶性的。更为不妙的是，因为肿瘤长得太大了，一开始还无法进行手术。当时，主管医生对江璐芸说，如果放疗、化疗都不敏感那就麻烦了。潜台词是，如果那样就相当于判死刑了。幸运的是，经过一系列化疗、放疗，江璐芸身体里的肿瘤变小了，最终可以动手术切除肿瘤，并连同子宫等器官一起切除。

手术过后不久，江璐芸尚沉浸在庆幸当中，更糟糕的事情发生了：2018年春节，江璐芸被发现癌细胞已转移到了头部。

江璐芸感叹，小时候家里比较穷，从农村走出来，长大后总想着拼命工作，努力赚钱，想让家人过上好一点的生活。可医生这个职业，一般40岁以后才能干出名堂、干出成绩。30岁出头，正是勇攀高峰的年龄，她却患上这个病，必须过着慢节奏的生活，不能正常上班，没有绩效，拿着较低的基本工资。

江璐芸的话语间，流露出不甘与无奈：一个医科大学的硕士研究生，参加工作才三年，人生美好的蓝图刚刚打开，正在憧憬无限美好的可能，命运就安排了这样的一场意外。

还好，在咖啡厅舒缓的音乐声中，坐在我面前的江璐芸，在整个访谈过程中，脸上始终挂着浅浅的微笑，淡定而从容。也许，在一个人独处的时候，眼前的这个女孩也会放声痛哭，也会惶恐不安。如今她能坐在这里微笑着去谈论生死，谈论过去和未来，我想，背后一定有一种非常坚强的力量在支撑着她，对她耳语：一定要挺住，不能倒下！

访谈面对面

何恒清（以下简称“何”）：**你认为此次患病跟什么因素有关？**

江璐芸（以下简称“江”）：以目前的医疗条件，还查不出具体的原因。不过，医生这个行业是一个特殊行业，一方面，你自己要逼着自己往前走，不断学习，不断提高诊断水平和治疗水平；另一方面，每天面对的各种各样的病人也在逼着你往前走，在医疗技术之外，我们还要学会与病人及其家属沟通。这些，无形中都会给自己带来相当大的压力。

何：**这两年跟疾病做斗争，有什么经验可以跟大家分享吗？**

江：心态非常重要。病后，我对这点感触很深。有些病人还没确诊，就开始胡思乱想，没几天就被吓死了，这样的例子并不少见。此外，家人的陪伴、关心也相当重要。几年前，我妈妈生病期间，我每次跟她发生什么争执，她就很伤心，强调说她是病人。对这句话，我当时没什么感觉。现在等到自己也病了，对这句话才有了深切的体会。病人非常渴望得到身边的人，尤其是家人的关心、呵护。病人努力地活着，有时并不只是为了自己而活着，很多人都不明白这一点。

何：**你还那么年轻，发生这样的事，家人一定很难过吧？**

江：做化疗时，胃口不好，不管以前觉得多么美味的食物，都吃不出味道，味同嚼蜡，但是每次父亲送来他亲自做的饭菜，即使我没有一点胃口，也会使劲往下咽，哪怕为此要花上一两个小时。看到父亲那种期待的眼神，我想，我还是要坚强一些。

何：**你介不介意谈论死亡这个话题？**

江：没关系。我认为死倒不可怕，就怕死得太难看。我担心自己死后给爸爸和弟弟留下不好的影响。虽然时间会使人淡忘一切，只是，一想到如果自己不在了，那父亲就没有女儿了，两个弟弟就没有姐姐了。一想到这些，就莫名地难过。

何：**经历过这件事情以后，你想明白了些什么？**

江：人活着，真的不能太累。现在想想，应该尽可能把更多的时间花在对家人的陪伴上，而不是花在对钱权名利的追逐上。对于家人来说，你就是他们的一切。

何：**到目前为止，你做过最值得骄傲的事情是什么？**

江：刚工作时，没多少钱，但还是尽力给父母买一些衣服、围巾之类的礼物。看到父母开心满足的样子，那种感觉很美好。还有就是母亲生病，我拿出自己所有的积蓄给母亲治病。

何：**接下来你有什么目标？**

江：希望身体快点好起来，早日回到工作岗位，体现自己的价值。一个人独处久了，容易胡思乱想。我不走运，这辈子抓到一副烂牌，没办法，咬着牙也要打下去。

何：**假如能重新来过，你将如何开启你的人生？**

江：如果人生真能从头再来，还是会努力赚钱。不赚钱，就没办法生存，就没办法生活得更好。只是，在努力的同时，一定要保护好自己的身体。其实吧，也没什么后悔不后悔的，人总是要往前看，不能往后看。所有的结局都是自己造成的，所有的责任也都必须由自己来承担。

何：**你现在对医生和病人这两种身份的理解是否跟以前有些不太一样了？**

江：确实。经历了医生和病人两种身份，对这两种身份有了更深的理解。2019 年年初，我重新回到工作岗位，感觉自己比以前更能体会病人的情绪，哪怕病人流露出不良情绪，我也会愿意并且更有耐心地与病人沟通。

访谈手记：

一个快节奏的社会，一个焦虑的社会，每个人都步履匆匆，往前奔跑。你有你的压力，我有我的压力，每个人都有自己的压力。

多年前，复旦大学女教师于娟因患乳腺癌，年纪轻轻就离世，引起诸多媒体的关注。于娟在临终前留下的文字中写道：在生死的临界点，你会发现，任何的加班，给自己太多的压力，买车买房的需求，这些都是浮云。如果有时间，好好陪陪你的孩子，用换车的钱给父母买双鞋子，不要换什么大房子，和相爱的人在一起，蜗居也温暖。在这之前，于娟算得上“拼命三郎”，她曾经在三年半的时间里同时拿下了挪威的硕士、复旦大学的博士学位，立志要通过两三年评上副教授。为此，她玩命地发表文章、搞课题。

我们的需求越来越多。因为我们要过上更美好的生活，所以我们得越来越努力。可是，有时候我们会发现，我们越拼命，反而距离美好的生活越远。这是一个矛盾。

《瓦尔登湖》的作者，美国著名作家梭罗，在100多年前，为了证明人生其实不需要太多的东西，一个人在瓦尔登湖畔生活了两年多，主要靠他在湖边种的玉米、土豆来维持最简单的生活。梭罗说：一个人越使自己的生活简单化，宇宙的规律就相应显得简单，孤独就不再是孤独，贫穷也不再是贫穷。

我知道，在当今，说出这些话，是多么不合时宜。毕竟，美好的生活仍需要物质支撑。可是我总在想，如果我们的生活简单一些，再简单一些，那么压力会不会也小一些呢？

或许，江璐芸和于娟的发病跟压力不一定有关。她们只是在追寻美好生活的路上，不幸被绊倒了。但我总是禁不住想对身边忙着赶路的朋友说：感觉累了，就歇一歇。

不要急。

当时感觉没有生的希望了，想得最多的就是，老婆大着肚子待产，自己可能都见不到即将出生的孩子一面。

——林安

生死交集　悲欣交集

访谈对象：

林安，男，1966 年生，2012 年 4 月查出肝癌晚期，在儿子出生不足一个月时，动手术切除肿瘤（同时切除一半肝脏及胆囊）。

访谈时间：

2019 年 5 月 15 日

访谈故事：

对于常人来说，生死，那只是一个名词。但是对于林安来说，生与死，却是真切的交错：妻子刚怀孕数月，他就被诊断为肝癌晚期；儿子刚出生，他就被推进手术室，命悬一线。

小咖啡馆里，隔着一张桌子，林安和妻子小蒙坐在我的对面。林安寡言，而其妻善谈，很多时候林安只是三言两语或沉默不语，大部分问题多由小蒙代答或补充。刚坐下没多久，提及7年前林安那场大病，夫妻俩一时控制不住情绪，潸然泪下。

林安的家乡是广西横县的一个小镇，近20年来，他都在家乡以承包鱼塘养鱼为生，过着平平淡淡、普普通通的生活。

2012年4月，平静的日子被打破了。刚开始，林安频繁咳嗽，日渐消瘦，起初他还以为是肺部出了问题，后来到医院检查后才得知是肝出了问题：恶性肿瘤，晚期。

夫妻俩走上了一条艰难的求医问药之路，从家到县城，从县城到首府南宁，一个是挺着大肚子的女人，一个是生死未卜的病人，两人经常相对无言，没有泪千行，胜似泪千行。身体不便倒是其次，舟车劳顿也可以忍受，最折磨人的是笼罩在头上的死亡阴影，想摆脱却怎么也摆脱不了。最残酷的是那一次次来自医生的宣判，可是，你不相信他们，又能相信谁呢？

一开始，他们到一家县级医院求医，接诊医生断言，林安只能活两三个月了，就不收治了，劝他回家待着。接着，在南宁市某大医院，最初的接诊医生也说林安大概只能活两三个月了。此时，小蒙的肚子日渐隆起，产期日益临近。看着妻子渐渐隆起的肚子，林安求生的欲望比任何时候都要强烈。夫妻俩怀着微弱的希望找到了广西医科大学第一附属医院肝胆外科的彭涛主任问诊。彭涛主任的判断与之前的两名医生不一样。彭主任说，还是有希望的。

只是一句简单的“还是有希望的”，就足以让处于崩溃边缘的林安夫妇喜极而泣，重新燃起生之火花。

在入院做了两次介入治疗后，彭主任为林安成功做了肿瘤切除手术。手术后刚醒来，林安打开手机就看到了妻子发来的一段视频：那是她为他们出生不久的儿子录的视频。刚刚在鬼门关前走了一遭，看着新的小生命——那万分可爱的自己的骨肉，林安觉得，再大的手术风险以及一切痛苦都是值得的。那一瞬间，所有的伤痛、恐惧、苦难都烟消云散了。

整个采访过程中，林安这个不善言谈的汉子一次次提及：“没有彭主任，我可能早就不在人世了。”他的眼中，写满了感恩和知足。

感恩和知足，我想这应该是他从这一堂昂贵的“生死课”中获得的最有价值的经验。

访谈面对面

何恒清（以下简称“何”）：**当发现身患疾病以后，你想得最多的是什么？**

林安（以下简称“林”）：当时感觉没有生的希望了，想得最多的就是，老婆大着肚子待产，自己可能都见不到即将出生的孩子一面。脑子里一直在想的都是这样一个问题：如果自己走了，老婆、孩子怎么办？

何：**经历过这件事情以后，你觉得自己想明白了什么事情？**

林：身体健康是最重要的。现在的感觉就是没有什么比身体健康更重要的了。

何：**有没有特别想跟大家分享的话？**

林：我算是从鬼门关被抢救回来了，但我身边的好些人就没我那么幸运。就我知道的，这些年我们乡镇有 10 来个像我一样病情的——也是肝癌，往往是发病几个月，最长不超过一年就走了。我在庆幸自己捡回一条命的同时，也为他们感到有些遗憾，如果他们早一些体检，早一些发现病情，或者早一点遇到对的医生，或许，情况就不至于那么糟。现在，我每年都要体检一到两次。这在我们当地是很少见的。像我们这样的小乡镇，邻里街坊很多人一辈子都不会做一次体检。

何：**你一生中最美好的时光都有哪些？**

林：那就是做好事、做善事的时候。父母曾告诉我，人生在世，要积功德。父母还在世时，乡下修桥修路，父母总会带着我去帮忙。现在遇到老家哪里修路修桥，我也都会捐一些钱。有的人看到我捐钱，以为我很富有，钱来得很容易，其实不是的，我的每一分钱都是养鱼赚来的，都是辛苦钱。

何：**到目前为止，你做过的最值得骄傲的事情是什么？**

林：我们当地流行闹元宵，每年的元宵节是我们最高兴的时候。小小的镇子上，上百条用各种材料扎成的龙，还有各种各样的狮子，一排一排列队，敲锣打鼓、走街串巷给大家拜年。而每家每户都会打开大门，拿出好酒好菜，热情地招待各地赶来的亲朋好友，邀请大家喝上几杯。这个时候，整个小镇的男男女女、老老少少都笑容满面。看到小镇热热闹闹、乡亲们开开心心，作为一个每年都参与筹备活动的人，我还是感到非常骄傲的。

何：**余下的时光，你还有什么目标，有什么愿望要实现的？**

林：有人开玩笑说，我和我的孩子一样大，孩子多少岁，我也就是多少岁。因为孩子出生的时候，恰好也是我死里逃生、重获新生的时候。剩下的时间，就想多陪陪孩子。

何：**如果以一个经历过生死的过来人身份来告诫世人一句话，你最想对大家说什么？**

林：我经常劝说身边的朋友，不要过量喝酒、抽烟、吃鱼生。（广西不少地方有吃鱼生的习惯，不少人因此感染了肝吸虫。）不要等到生病的那一天才后悔，到时后悔也来不及了。

何：**你相信有来生吗？**

林：不相信，还是先把这一生过好吧。

访谈手记：

从鬼门关走回来，醒来打开手机，就看到儿子刚出生的视频。这是一种怎样的经历呢？一端连着死，一端连着生。没人能真切地体会到林安那一瞬间的复杂情绪。这个世间有些事是没有办法感同身受的。我们未曾经历。我们不在其中。

每一个白天与黑夜，人世间都有人油尽灯枯化为尘烟随风飘逝，也都有新的生命呱呱坠地哇哇大哭宣示着自己的到来。

我们因为死亡而哀伤，因为新生而喜悦。

只是，没有死，哪有生？没有生，哪有死？一切都在循环。一切都是循环。

我们终须明白，终有一天，我们每个人都要离开这个世界。我们终须明白，有生必有死，有死必有生，就像有白天就有黑夜，有日出就有日落，有欢笑就有泪水，有得就有失。接受了生，也就要接受死，你不能只选一端。

生死交集，悲欣交集。这就是人生。

这就是我们需要读懂的人生。这也是我们需要接受的人生。

出一次远门吧，不要辜负，这世上所有美好的呈现。

可以挥霍钱财，但千万不要挥霍生命。

——刘中成

一切苦痛皆成过往，闲看庭前花开花落

访谈对象：

刘中成（化名），男，1963 年生，目前经营一家燃气管道安装企业。2003 年年初做了肝移植手术。

访谈时间：

2019 年 9 月 7 日

访谈故事：

在拥挤的都市，能有个院子或者花园，那是奢侈的。刘中成有个足足 400 平方米的花园，园内亭台楼阁、小桥流水，种植 130 余种花卉、果木、蔬菜，仅葡萄就有 9 个品种。谈起自家花园，刘中成如数家珍：竹子、枇杷树、红豆杉、冬青、女贞四季常青；春天一到，香椿发芽，核桃吐絮，蔷薇、七里香、月季、迎春花、杜鹃花争先恐后爬满墙头，紫藤花则布满了整个花园的廊架；一年四季，院子里瓜果飘香，樱桃、草莓、蓝莓、葡萄、石榴、山楂、杏、苹果、海棠、猕猴桃、枇杷、西红柿、青瓜等，红的紫的黄的粉的绿的，轮番挂上枝头。

在西安市的一家咖啡店里，刘中成一边喝着咖啡，一边侃侃而谈，此时此刻从他身上已然看不出经历过生死磨难的痕迹。

可是苦难如印记，已深烙内心，想忘记却不易。

20 世纪 80 年代，刘中成中专毕业后分配到陕西省的一家化工企业工作，没想到仅仅工作一年后便查出肝炎，1999 年更是发展至肝硬化，2002 年病况急转直下，出现了肝腹水。出现肝腹水后，病情严重时肚子肿胀异常，往往需要到医院住院把积液抽出来，经过浓缩处理之后，再注射回去。刘中成的病情日渐恶化，没多久，不得不切除了脾脏。那段时间是刘中成人生中最低谷的时候，一方面眼看着一些同病相怜的病友，短的三五个月长的一两年就没了；另一方面，想想自己的孩子还那么小，而屋漏偏逢连阴雨，单位又处于破产的边缘。

内心的苦闷不知道找谁倾诉，无形的压力让自己喘不过气来，惶恐和焦灼挥之不去，突然在某一天，刘中成抛开一切，一个人开着一辆破吉普，跑到了秦岭莽莽大山深处。你说逃离也罢，你说静处也罢，你说舒缓也罢，在大山深处，刘中成待了足足 10 天。10 天时间，他木然枯坐，看天看地看云看鸟，从日出到日暮。时而一个人放声痛哭，胡思乱想神游八荒，与天斗，与地斗，与己斗。最终，他决定回去面对一切。

这不就是这人世间的真相吗？面对苦难，你可以怨天怨地，你可以质问上苍为什么偏偏选中你；对于现实，你可以不承认，你可以假装看不见，你甚至可以短暂逃离。可是，流干眼泪之后，该扛起的还是得扛起。终究，生活总是要进行下去。

生活总要继续。那就回来吧。坦然面对，纵使生和死的界限已经模糊。

刘中成两次站在生死交集的关口。第一次是肝移植手术前，2003年，当时严重肝腹水的刘中成听到可以做肝移植手术的消息，犹如身处旋涡的人抓住了一根救命的棍子，他当即决定接受肝移植手术，赌一把。要知道，当时的肝移植手术技术还没有像今天这样成熟，在他就医的那家医院，肝移植手术成功的案例仅仅为个位数。个中风险可想而知。

第二次站在生死交集的关口，是在肝移植手术之后。手术后，刘中成总是抑制不住地想哭。一个大男人，老想哭算怎么回事？而且还说不清楚原因。一度，医生以为是刘中成待在病房久了，憋出来的，建议他到病房外走一走，散散心。可是事情没有那么简单，不久后，医院才发现原来是手术没处理好，造成了内出血，引起情绪波动。没办法，医生们又紧急给刘中成做了第二次手术，重新把伤口打开，寻找漏血点进行缝合。

“一切都过去了。”刘中成笑着说。

访谈面对面

何恒清（以下简称“何”）：**当身体还比较健康时，你过的是怎样一种生活？**

刘中成（以下简称“刘”）：年轻时仗着自己是运动员出身，在学校经常拿长跑冠军，体质好，不把身体健康当回事，对饮食、作息等这些都不是很在意，遇到什么问题，总想着扛一扛就过去了。年轻时不把身体健康当回事，现在确实很后悔。人可能总是要经历一些苦痛之后，才能真正领悟到什么是值得珍惜的东西。

何：**经历过生死，现在你如何看待人生？**

刘：当年我最难熬的时候，一位朋友曾经开导我：人来到这世上，就是完成一个生物过程，生老病死，终归尘土，跟其他动物一样，人类，也只不过是一种高级动物而已。真正悟透这一点的时候，也就想开了。在治疗时，有不少医护人员都夸我心态好，其实，我只是想通了这一点。

何：**从某种意义上来说，你战胜了疾病，有什么经验可以跟大家分享吗？**

刘：我特别想说的一点就是，咱们中国人历来讲究温良恭俭让，有什么不高兴、不满意的一般都憋在心里，藏着掖着忍着。我认为这样很不好，凡事憋着对身体不好，容易憋出病来。在这方面，西方人讲究直来直去，有什么就直接发泄出来，我认为这样反而更有利于身体健康。

何：**如果以一个经历了生死苦难的过来人身份来告诫世人（或者家人）一句话，你最想对他们说什么？**

刘：我现在深深地领悟到：可以挥霍钱财，但千万不要挥霍生命。举个例子，具体到喝酒这件事情上，能喝就喝一些，不能喝就不要喝，如果不能喝也要死撑着喝，喝出一身病来，那都是对身体对健康的极大不负责任，都是在挥霍生命。

何：**生命余下的时光，你有什么目标或者愿望要实现吗？**

刘：1989 年，我调入陕西渭南工作，至今已有 30 年了。我不知道自己是否还能再活 30 年。但只要活一天，那就争取活得精彩，这就足够了。

访谈手记：

诗人海子有几句诗流传颇广：从明天起，做一个幸福的人 / 喂马，劈柴，周游世界 / 从明天起，关心粮食和蔬菜 / 我有一所房子，面朝大海，春暖花开。

这是诗意化的生活。

而在现实中，事业小成，拥有一个不大的园子，种种花种种果，这应该是很多人的梦想。从这个角度而言，刘中成是令人羡慕的。这也许是上天对苦过、痛过、彷徨过、挣扎过、拼搏过的刘中成的慷慨馈赠。

季节更替，从绿肥红瘦到红肥绿瘦，小园自有春秋。

“每天在园子里浇浇水、拉拉枝、施施肥，收拾收拾枯枝败叶，干点简单的活，人的心绪很容易平静下来。”刘中成如是说。园艺，或者说种植，或者说大自然，是有治愈功能的，特别是对受过伤的人。

有一位纵横股市的大咖，因为遭遇股市熔断，身家大幅缩水，苦闷蛰伏之际，他拾起了曾经感兴趣的园艺。在快要荒芜了的郊区院子里，拿起了铁锹，翻开硬化的土层，种下各种花的种子——当然，他也种下了藏在心里的各种希望。在唯美的园艺世界里，他最终寻找到了心灵栖息的乐土。

有一个安顿心灵的地方实属不易。当一切苦痛皆成过往，当一切拼搏告一段落，如今能闲看庭前花开花落，这不失为一种好的归宿！空中的一切，终归要停落在厚实的土地上。世间的所有苦痛，或许都能在大自然那里得到温暖的疗愈。

不是每一个人都能拥有 400 平方米的院子。但是，只要愿意，每一个人都可以享受那份闲适和悠然。闲看庭前花开花落的心情，不一定跟院子的大小有关，不一定跟房子的大小有关。再小的阳台，总可以安置下几株绿萝；再逼仄的窗户，也总能看得见云、望得见星。

奔走的路上，只要你稍作停留，只要你睁开眼睛，只要你安静下来，你就可以看到花的开落、草的青黄、云的卷舒，看到大自然赠予我们的种种美好。

只要你愿意，从明天起，你就可以做一个幸福的人，面朝大海、春暖花开。

生死十记 · X

喜欢就好

喜欢就好，很多时候都是如此。

每一个人都是如此与众不同，每一个人的世界都独一无二，每一个人都可以找到属于自己的“喜欢”。

人生不过数十年，少数人能至百年，说长也长，说短也短。如果把人生浓缩为一顿饭的时间，我们走进一家餐厅，总要点自己喜欢吃的饭菜吧；如果把人生浓缩为看一场电影的时间，走进一家电影院，总要选自己喜欢的电影吧。

如是，一切便简单明了，那就是——做自己喜欢的事。

360 行，挑一行喜欢的干；茫茫人海，挑几个喜欢的人相处；街上的衣饰赤橙黄绿青蓝紫，挑一件喜欢的往身上搭，说简单也简单。

只是，喜欢，却又好似一件奢侈品。小朋友喜欢在原野里玩泥巴、捉蟋蟀、看飞鸟掠上长空，却总是被父母拉去琴房枯坐。

高三毕业生喜欢服装设计，却总是被亲友团劝说，不得已选择了更赚钱的热门专业。在许许多多的人眼里，人生就是一场马拉松，人生就是一场竞赛，我们都要在一个赛道里往前冲，我们都要争取那一块块被世人称为“成功”的奖牌。很多时候，这枚奖牌对应的是：金钱的数量、名气的大小、地位的高低。

俗世红尘，更多的人，是被一双双无形的手操控着，或按部就班，或随波逐流，或默然不语。开货车的就一直跑在公路上，在写字楼里收发文件的就一直把自己埋在文件堆里，习惯了工厂流水线上的生活就每天重复着一样的动作……不少人，进了一个单位的门，就一直干着，不再问喜欢不喜欢、愿意不愿意，甚至也无所谓有活干没活干。就这样每天往返，一直到老到退休，到岁月流尽。

表面上看，好像这一切也没什么不好。可是，当逼近生命的终点，在我们即将离开人世时，睁大眼睛看看这周遭的世界，总会觉得少了点什么。这就如同眼看丰盛的晚宴即将结束，而我们塞进嘴里的都是别人帮忙夹过来的饭菜；又仿佛一部电影曲终人散，而我们此时才发现自己走错了影厅——喜欢喜剧的看了一整场的悲剧，喜欢文艺片的看了一整场的功夫片。

在奔忙中，在苟且中，我们忘记了，我们本可以选择“喜欢”或者“不喜欢”。

我们忘记了，正是因为有了喜欢，才会全力以赴，才有了成就、卓越，才有了创造一切美好的激情。喜欢到极致，专注到极致，生命也就燃烧到极致。沉浸其中，我们往往忘了得失，忘了名利，甚至，忘了时间的流逝。

有些人，从一开始就知道自己喜欢什么，不喜欢什么，想要什么，不想要什么。这种人特别牛，但是这种人不多。一般的人，总是要走过很长的路，翻过很高的山，吃过很多的亏，原地打过很多转，尝试过千百回，蓦然回首，才知道自己喜欢什么，不喜欢什么，想要什么，不想要什么。

芸芸众生中，知道自己喜欢什么，是幸运的少数。而在这其中，还有不少人仅限于“知道”。长长的一生，难关太多，诱惑太多，旁人的建议太多，真正能做到从一而终坚持走自己的路的人，少之又少。

我们总是在意周围的杂音，习惯追逐眼前的利益，去迎合、去投机，对于自己的“喜欢”却是妥协、逃避，进而放弃。一开始画油画的，后来看到装修设计更有市场，可能就半路改行去搞设计了；曾经痴迷于音乐的，看到金融产业能赚更多的钱，可能就转身去搞融资了；一直干木匠活的，看到水泥工行情好，也许中途就改砌墙去了……身边的人大都如此，也就只能你笑笑我、我笑笑你了。

做自己喜欢的事，是一辈子。一辈子都在欢喜当中，一辈子都在满足当中，一辈子都乐在其中。

做自己不喜欢的事，也是一辈子。一辈子都在委屈，一辈子都在别扭，一辈子都在熬。

我们终将死去。不如乘兴而来，尽兴而归。

喜欢就好。

附录 1

有奋斗目标，就是人生最大的快乐。

——彭民浩

这辈子，能做自己喜欢的事就足够了

访谈对象：

彭民浩，男，1943 年 11 月出生，教授，主任医师，博士研究生导师。曾任广西医科大学第一附属医院肝胆外科主任、大外科主任，现任广西医科大学第一附属医院肝病肝移植研究所所长，广西医科大学仅有的两名终身教授之一。

访谈时间：

2019 年 11 月 28 日

访谈故事：

我等常人，一次生死交集，足以感叹人生无常，触动万千神经。而作为一名几乎每天都拿着手术刀与死神交战，见惯生死的外科医生，彭民浩对于生命又会有怎样独特的思考呢？

几经努力，在彭民浩教授的办公室，我终于见到了这位外科医生中的佼佼者——广西肝移植事业的开创者和奠基人。他从医50多年来，几乎每天都在手术室中度过。

银发白衫的彭民浩教授看起来非常精神。虽然他已经70多岁了，早已过了古稀之年，很多像他这个年龄的老人早已回家含饴弄孙，或者去公园消磨时光了，可是彭民浩教授依然每天早上8点准时到医院上班，和以往一样查房、会诊。就像一名忠于战场的战士，只要战事一天不结束，他就一天不撤离战场。更难得的是，这名老战士的作用不仅仅是一块招牌或一面旗帜，遇到年轻医生搞不定的情况，他还会亲自操刀上阵，且宝刀未老。

从医50多年，有没有数过一共做了多少台手术，把多少病人从鬼门关给救了回来？面对这样的提问，彭教授答道："记不清了，太多了。"

但是，总有一些手术，有着特殊的印记，让人想忘也忘不掉。20世纪70年代，彭教授在广西一个偏僻的乡镇卫生院做外科医生，那时，他刚从医学院校毕业三年。有一天，卫生院里来了一个大出血的孕妇，病人已经休克，亟须手术，可是当时卫生院的产科医生却病倒了。情急之下，在病人家属一片呼天抢地的慌乱之中，初出茅庐的彭民浩决定操刀上阵。

几十年过去了，彭民浩还记得很清楚，当时是圩日，他一边找人献血，一边准备手术。最终，年轻的彭民浩竭尽全力，把病人给救活过来。彭民浩说，当时自己才20多岁，他也不知道哪里来的勇气，或许是被家属期盼的眼神打动，或许是受悲天悯人的情怀驱使。

这是彭民浩早期拿起手术刀惊心动魄的一次生死之战，把一个一只脚已经踏入鬼门关的农村妇女给救了回来。

从医50多年来，彭教授抢救的病人不计其数，他也因此成了很多年轻医生甚至很多骨干医生心中的定海神针。每次医院有急救电话打来，彭教授都是一句话："把血压住，不能大出血，等我过来。"一句话，就稳住了。这是一名久经沙场的老将才能具有的分量。

50多年看惯生死，无数次把病人从鬼门关拉回来。彭民浩教授说，历尽艰辛，病人终于活过来，这就是外科医生期盼的人生。

访谈面对面

何恒清（以下简称"何"）：**以您的了解，经历过生死劫难之后，患者关于人生的觉悟会有改变吗？**

彭民浩（以下简称"彭"）：肯定会有改变。我们医院做完肝移植手术的病友每年都会举办一次座谈会，谈谈一年走过来的体会，谈谈如何面对生死，谈谈人生。他们每个人都有着不同的人生感悟，这个具体你要跟他们好好聊。对我而言，从一个医生的角度，更多的是从技术层面上考虑让他们活过来，必须活过来。

何：每天看着那么多病人面临死亡的威胁，您自己害怕死亡吗？您如何看待死亡？

彭：生老病死，谁都一样。来到这个世上，每个人都会有走的那一天，医生也不例外。作为一个医生，可以说每天都会面对死亡。我从医 50 多年，干了 15 年的住院医生，生生死死见得太多了。刚毕业工作那会儿，大概三五年这样，每每看到有人死亡，躺在病床上一动不动，我也会害怕。后来遇到死亡的次数多了，更多的是一种思考：这个病人为什么走了？为什么活不了？是病情决定的，还是我们技术不足？再后来，哪怕是手术成功，我也习惯找缺点找不足，反思我们哪里做得还不够好，再小的失误也不放过。一个有责任感的医生，一个成熟的医生，不能害怕死亡。每个人都要面对死亡，作为医生，更多的是要思考，不要回避自己的不足。

何：以一个医生的身份来告诫世人一句话，您最想对大家说什么？

彭：从个人而言，保健很重要，每年要体检，就像汽车每 5000 公里或者每 10 000 公里要保养一样。连车都记得保养，为什么不记得给自己保养呢？爱护自己就是最大的保护。

何：当您成功完成一台手术救活一个危重病人后，您当时的感受是怎样的？

彭：唯一的感受就是放下了担子。抢救病人的过程始终是有压力的，一结束就感觉很轻松。不要名利，只要病人渡过难关就很轻松。有时也思考，为什么病人会到这个地步，是病人自身的问题，还是其他的问题，能不能避免。

何：**您认为怎样才算是一个好的外科医生？**

彭：首先要有内疚感，没有这个，就成不了一个好的外科医生。病人把生命交给我们，我们如果犯错误，那是我们的罪过。我们要真正站在病人的角度去思考，一个病人往往牵动整个家庭，一个病人出事，往往整个家庭都不得安宁。小小手术台，牵动了多少人的心。其次，一名好的外科医生，还要有担当，要有责任心，没有担当没有责任心，肯定成不了一名好的外科医生。

何：**到目前为止，您做过的最值得骄傲的事情是什么？**

彭：没有什么值得骄傲的，只要每一台手术都成功就行了。成功的记得不是很清楚，但是每一次失败都记得，认识失败比成功更重要。失败是用血、用生命换来的。

何：**您是否想过这样一个问题，我们在这世上忙忙碌碌的究竟为了什么？**

彭：别人怎么想我不知道，我呢，是为了让病人活得更好。我年轻的时候就立志成为一名好医生，后来发现广西肝胆外科疾病发病率比较高，但当时技术比较落后，我就到我国著名的肝胆外科先驱黄志强院士所在的重庆西南医院进修学习。学成归来后发现广西是肝硬化、肝癌的高发区，而肝移植是开展治疗的有效方法之一，但当时我国还没有一个单位能成功开展肝移植。为了掌握这门技术，抢救更多的病人，尽管当年自己已经 49 岁了，我还是毅然选择出国学习了。

今年，我见到了三位肝移植术后存活了 20 年的病友，当年他们患晚期肝硬化合并肝癌，是我亲手把他们从死亡线上拉了回来。现在看到他们活得好好的，作为一名医生，没有比这更开心和骄傲的了。

这辈子，为病人而活，为病人治好病、解除痛苦，我乐在其中。这辈子，能做自己喜欢的事就足够了。

何：**这辈子有哪些遗憾？假如人生重新来过，您打算怎么过？**

彭：要说遗憾，也有。因为种种原因，我年轻时耽误了 10 多年的大好时光。我以前学的是俄语，42 岁才开始学英语，从 ABC 学起，经常在公交车上背单词，常常学习英语到凌晨一两点。我 48 岁才参加出国考试，然后到澳大利亚墨尔本留学，50 岁才学习肝移植技术。有奋斗目标，就是人生最大的快乐。《钢铁是怎样炼成的》里面有一句很有名的话："人的一生应当这样度过：当他回首往事的时候，不会因为虚度年华而悔恨，也不会因为碌碌无为而感到羞耻。"我认为人生就是这样，不管你做什么工作，都应该有目标。

何：**假如还有一天可活，您会做些什么？**

彭：死亡随时都有可能发生，有没有机会让你说，有没有机会让你做，这还是一回事。人生充满意外，也许哪一天一下子就倒下了，再也起不来了。

何：**您救了那么多的病人，您有什么话对他们说吗？**

彭：就一句话——能够活过来的人就好好活着。

附录 2

如果生命开始倒计时

我们终有一天要离开这个世界，如果现在你知道自己的生命只剩下最后一年，你将如何度过？

如果现在你知道自己的生命只剩下最后一天，你将如何度过？

1 瑶瑶，37 岁，媒体人。

生命最后一年：我想分三个阶段，第一个阶段带父母出去走一走，看一看外面的世界。我 16 岁离家读书，从此便远走他乡，父母为了我倾尽所有不求回报，当我也为人母后，深深感到人间亲情至真至善。第二个阶段留给我的孩子，尽可能带他们认识世界、了解社会，在自我成长中学会爱和被爱，学会诚实和善良，勇敢和担当。最后一个阶段，告诉我的爱人，谢谢他的陪伴，我们共同的旅程虽有遗憾但很愉快。

生命最后一天：这一天，我想留给自己，挑战之前不敢挑战的蹦极，从高空飞跃而下。留下一组照片，留下最后的微笑，怀念这个世界。

2 寥落星辰，女，35 岁，传媒行业从业者。

生命最后一年：变卖所有家产，班也不上了，周游世界去。

生命最后一天：先把葬礼给提前举行了，通知所有亲朋好友聚在一起，热热闹闹，吃吃喝喝。我的世界尽头是热闹的。

3 屈女士，43 岁，网络销售。

生命最后一年：父亲在我三岁时就不在了，前两年母亲也走了，我希望能帮助我的孩子养成良好的生活习惯，这样，即使有一天我不在了，他也可以照顾好自己，好好地生活。

生命最后一天：跟孩子在一起。

4 谷子，男，50 岁，雕塑师。

生命最后一年：用尽所有的力气，完成我生命中最重要的一件作品，然后我就可以安心走了。

生命最后一天：准备一顿丰盛的晚餐，和亲人们一一告别。

5 皇甫正，男，50 岁，商人。

生命最后一年：看遍这个世界的绝美山水，尝遍这个世界的万千美食，看 100 部好看的电影，看 100 本精彩的书。

生命最后一天：跟最爱的人一一告别，坦然睡去。

6 阿雄，28 岁，健身馆教练。

生命最后一年：去偏远的地方支教，接触小朋友，亲近大自然，把这个世界很多美好的事情讲给小朋友们听，散发自己的余热，人生不枉此行。

生命最后一天：回到妈妈身边，告诉她：很高兴您把我带到这个世界，下辈子还做您的儿子。

7 周经理，男，房地产从业者，36 岁。

生命最后一年（一天）：我会想办法打破这个魔咒，反正最坏的结果都知道了，为啥不搏一把呢？我命由我不由天，是魔是仙，我自己说了算！

8 彭彭，46 岁，互联网公司高管。

生命最后一年：旅行，我对南美和非洲有着强烈兴趣，不去会给人生留下遗憾。

生命最后一天：见老朋友，朋友让世界有颜色。

9 卢筱，女，互联网从业者。

生命最后一年：把想见的人都见一遍，把说不出口的道歉、默默深藏在心底的喜爱勇敢说出来。

生命最后一天：跟孩子谈谈，希望帮助她理解和面对死亡，明白未来如何好好活着。

⑩ 沈一一，男，46岁，工厂经理。

生命最后一年：该努力工作就努力工作，该陪家人就陪家人，一家人该怎么过仍然怎么过。我母亲离开前的那段日子我一直陪在她身边，可以说我曾经和死神面对面坐着。眼睁睁看着疾病折磨着母亲，我脑子里曾一度祈求：把母亲带走吧，不要让她受到太多折磨。母亲临了说过一句话：我走了，你们要好好活着。这句话让我一下子成熟起来。

生命最后一天：如果不需要与病魔斗争的话，我会同家人（妻和女）一起在家整理所有过往的照片，回忆我们在一起的日子，由妻子做一桌丰盛的饭菜，享受最后的晚餐。

⑪ 江上客，男，48岁，公司职员。

生命最后一年：回到老家，回到乡下，找一块地，种自己喜欢吃的菜，种自己喜欢看的花。

生命最后一天：和亲人告别，和这个世界告别。

⑫ 木可，男，40岁，新媒体公司负责人。

生命最后一年：因为悲观，所以乐观。我是一个骨子里很悲观的人，因为我知道人存在与否并无意义，时间或空间也并不必然存在。正因为如此，我在生活中很乐观，尽量认真做事，诚意待人，不争对错，不惹是非，不追求成功也不介意失败。假如明确知道还有一年可活，我不会有太大改变，亦不会恐惧或遗憾，只是不想告诉家人。

生命最后一天：我大概会约上有血缘关系的一大群人，摆好多菜，然后喝酒。其实我不是贪杯之人，喝酒是为了让别人快乐。喝着酒，我会害怕，也许会哭吧。

⑬ Jona，女，35 岁，电视台主持人。

生命最后一年：脑子里蹦出很多的想法，但是最终，还是会把时间留给我的家人。年轻时在外拼搏，喜欢去看世界，留给父母的时间很少，关于家人的遗憾很多，最后的时光想多陪伴他们，或许也想带母亲去外面的世界看看 。

生命最后一天：我希望找一个安静的地方，一茶一书，坐在摇椅上，想想这一生去过的地方，走过的路，经历过的人生，爱过的人，静静地离开吧。

⑭ 蔡导，男，47 岁，旅游公司经营者。

生命最后一年：去旅游，走到哪里就在哪里结束。

生命最后一天：睡大觉，一觉睡去不再醒来。

⑮ 苏女士，37 岁，美容机构负责人。

生命最后一年：前半年，去国外好好走一走，后半年就好好陪着孩子、父母。把和孩子相处的每一天都录像，保存起来，想象孩子将来可能遇到困难时的场景，录好鼓励支持他们的话语，这样以后他们在遇到困难的时候，再想看看我的时候，就可以打开视频来看看。让他们随时能够感受到妈妈还在身边，减少他们的人生没有妈妈陪伴的遗憾。

生命最后一天：哪都不想去，特别不想在医院里离开，因为医院那个冷库我见过，人被塞到格子里，我看到都害怕。我想待在家里，洗好澡化好妆，有尊严地离开。所有的孩子都在身边，我的爱人也在身边。我会把所有的银行卡密码和遗嘱写好。如果还有时间，我想给自己准备一个有山有水的墓地，最好挑在闺密墓地旁边，以后有个伴。并且嘱咐孩子们经常来看望我，给我烧点纸钱，不管死后的世界是真是假，我还是希望做个有钱鬼。

16 陆老板，男，46 岁，汽车零配件供货商。

生命最后一年：少睡觉，多干事，把之前想做而还没来得及做的事抓紧时间做了。

生命最后一天：眼睛都不闭了，24 小时在线，最后认真看看这个世界，看看有谁在关注自己。

17 卢明空，一个 39 岁的母亲，一个媒体人。

生命最后一年：带家人去旅行两次，目的地是西藏、美国，一个是世界之巅，一个是世界上文化比较多元的国家，希望通过旅行让孩子感受大自然和人文的丰富和差异性，不要狭隘地去理解任何她遇到的人和事；整理照片和视频，做成相册，写上寄语。

生命最后一天：为孩子做好财产安排，尽可能保证她之后的生活无虞。

18 钟老师，女，33 岁，中学音乐教师。

生命最后一年：如果生命只剩下一年，我会培养孩子自力更生的品质，以自己的生命结束为教材，对孩子进行生命教育，培养孩子的人生观、价值观。

生命最后一天：我会把所有的时间都留给家人，把我对他们的爱以告别仪式的方式表达得淋漓尽致。

19 廖姐姐，45 岁，保险行业管理人员。

生命最后一年：把忙碌时没有时间去做的，有意义的事，认真地去做一遍。买好保险，毕竟上有老、下有小，要为他们留下保障。

生命最后一天：听音乐，把脑海里不愉快的不开心的记忆统统清理掉，只剩下美好的记忆，带着美好离开。

20 朱朱，房地产行业高管。

生命最后一年：首先会静下来，放下工作，先找一个与世隔绝、风景优美的地方，看一看书，研究一下最新的科技，看有没有可能延长生命；思考生命的意义，生命结束之后会去哪里。然后我会回家，去做各种有意义的事情，直到生命的最后一天。

生命最后一天：回到老婆和儿子的身边，尽情玩耍之后，陪他们吃一顿丰盛的午餐，然后一起回首我的一生——与老婆从相识到相爱，从儿子出生到成长，整理这么多年来一个个珍贵的视频、一张张难忘的照片，就这么温柔地相伴着，温暖地握着彼此的手，直到生命渐渐走到尽头。

21 欢欢，33岁，编辑。

生命最后一年：首先我会请个长假，1 ~ 2个月，然后带着家人一起出国旅行，去做一些极限运动，或者是以前不敢玩不敢做的事。然后把自己的财产分配好，争取做到不给家人添麻烦。最后去申请器官捐献，让自己有用的器官能用到需要的人身上。

生命最后一天：陪在家人身边，就像平常一样，一起吃一餐饭、一起谈天说地，把自己最开心的样子留在家人心中！

22 心中无剑，40岁，房地产高管。

生命最后一年：去帮助更多的人实现他们的梦想。

生命最后一天：带着我的孩子，回到老家，重走每一个我记忆中重要的地点。

23 红姐，女，32岁，广告人。

生命最后一年：赶紧辞职。给孩子写信，24岁前的每个生日都留一封。跟老公约定好一起去的地方。跟老公和孩子拍各种合照。

生命最后一天：回家找我妈，跟她道歉，让她白发人送黑发人了。

24 魏先生，男，68 岁，退休干部。

生命最后一年：不想拖累家人，去养老院住，慢慢等待死亡的来临。

生命最后一天：把存款、密码、保险告诉家人，交代好后事！和孩子道个歉，童年亏欠她太多。

25 小妮，37 岁，财务。

生命最后一年：半年时间去旅游，半年时间好好陪女儿。

生命最后一天：我会给我女儿做一顿饭菜，让她永远记得妈妈做的饭菜的味道。

26 猫娘，女，37 岁，企划。

生命最后一年：尽量陪伴在父母和老公身边，做他们喜欢做的事。

生命最后一天：偷偷再看一下父母和老公，然后去一个他们找不到的地方安静地离开。

27 鱼查查，女，30 岁，公司文案。

生命最后一年：大胆把老板炒掉，把不敢干却一直想干的事情全干一遍，然后跟家人一起旅行，吃喝玩乐。

生命最后一天：找个人陪我讲一天的话。我有点怕最后一刻只剩我一个人。最后一刻希望是在睡着的状态下结束。

28 小坏，40 岁，家庭主妇。

生命最后一年（一天）：无论是一年 ，还是一天，我应该没啥遗憾。我做到了用心对待对我好的人，让老人有所依，尽量培养孩子，如果我突然哪一天不在了，我相信他们各自都有自己的福分。

29 欧阳，男，37 岁，公立医疗机构行政人员。

生命最后一年：这一年的时间，要分成几块来花。一块要给我的医院，毕竟是医院培养了我。一块要给我的两个女儿，以前总以为自己的时间很多，想等不忙碌的时候再陪伴，谁知等来了时间终结。一块要给妻子，从相识到现在已有 16 年了，妻子由原来的少女变成了两个孩子的妈妈，平时忙忙碌碌，一起出去旅行的时间屈指可数，所以，我要好好补偿她，一起去旅行，能去多远去多远。最后一块，把时间留给双亲，小的时候在爸妈身边比较多，读大学及毕业工作后，与他们相见的次数少了，最后的时间尽量待在老家村子里，陪两位老人。

生命最后一天：悄悄地背上背包，去我一直就想去的金秀圣堂山，在山上度过生命最后的 24 小时。晚上，我会在篝火堆旁写下几封书信，把我对人生的不舍写在信中。

30 洛洛，女，34 岁，中学教师。

生命最后一年：我会教会我儿子独立，帮助他学会做家务，因为最疼爱他的妈妈走了，以后只能靠他自己了。

生命最后一天：我会留一封信给家人，说我出去旅游了，去过我想要的生活了，要去很长很长的时间，因为我不想让他们为我而伤心。

31 柏医生，男，38 岁，一位有着良好口碑的中医医生。

生命最后一年：继续做自己的工作，继续出诊看病。没什么可担心的，继续把家人照顾好，把自己的经验分享出去，带好学生。

生命最后一天：安排亲人和朋友见面。人死后还有灵魂的，还有下辈子，一点儿也不怕。

32 杨过，男，42 岁，咨询公司负责人。

生命最后一年：首先坦然告知亲属，让他们不必过度悲伤。然后联系医疗机构，签署器官捐献文件，希望身体有用的部分可以帮助到有需要的人。接下来，清点并妥善移交财产，如有债务，优先偿还，避免给亲人造成困扰。剩余的时间，除了继续正常工作之外，争取竭尽所能，帮助更多需要帮助的人。同时，尽量节衣缩食，因为没有必要造成资源浪费。

生命最后一天：把没有价值的个人物品清理干净，避免麻烦他人，然后和家人做一个简单告别。最后，沐浴更衣，到医院完成器官捐献。

33 川流不息，女，33 岁，大型商业广场企划。

生命最后一年：希望运气好，最后一年和 2020 年一样有 384 天吧。中国人的最后一年，必须是以农历来计算的。

最后一年，先拿6个多月陪父母，和他们打麻将，买买菜，散散步，该吃吃该喝喝，到周边城市旅旅游。人老了，走不了太远太久，容易累。

最后一年，拿2个多月去追星，去横店，去无锡，也许是其他城市。没关系。想上个新闻，什么耄耋之年的老太太千里追星，只为到剧组给idol应援……哈哈，想想都很带感。

最后一年，拿2个多月给朋友。认识了几十年互助又互损，必须多吃几次饭多吹几次牛。

最后一年，留2个多月给自己。虽然以后黄泉路上肯定也只有自己，但人世间独处的快乐简直了！在热闹中悄悄溜出来把自己藏起来的乐趣，才不是什么寂寞的游戏。如果那个时候微博还在，我有空和人说车轱辘话了。价值观不同，再也不是“您高兴就好”，必须撕得轰轰烈烈；评论演员再也不用缩写，直接带大名；要是遇到不平事，就转发@各大媒体，@到他们的编辑认真对待。

最后一年，不要憋屈，也不要太出格。人可以肆意，但不论是怎样的前因，都尽量不要伤害到别人；别破坏自然；别想做什么一炮而红名垂青史的事。要能出名早出名了，很多人在生命的最后，灿烂又戛然而止，那不是想来的，是注定的。最后一年，好好活。

生命最后一天：和家人朋友说，我来这一世认识他们感觉还不错，说的时候要播放属于我的BGM。洗个热水澡，干干净净地走。

34 卢静静，女，39 岁，媒体人。

生命最后一年：写 10 封给孩子的信，我的孩子今年快 8 岁了，希望在成年前，每年生日她都能收到一封我的信，让她感受到妈妈未曾远离，还在跟她共同勇敢面对世界；为孩子做好财产安排，买一份保险，最大限度保证她之后的生活无忧。

生命最后一天：给家人做一顿饭。

35 乐勒哥，男，26 岁，自由职业者。

生命最后一年：希望能多谈几次恋爱，轰轰烈烈，爱得天昏地暗。

生命最后一天：在最爱的人的怀抱中闭上眼睛。

36 杨柳依依，女，52 岁，国企员工。

生命最后一年：如果我知道我还有一年时间，我就鼓起勇气离婚，最后过一年舒心的日子。

生命最后一天：找一个喜欢的地方静静地待着，谁也找不到我。

37 胡同二爷，男，48 岁，商人。

生命最后一年：这一年的时间就太宝贵了，必须一分钟掰成两分钟用，没完成的事赶紧完成了。另外，欠别人的人情要赶紧还了，想见的人要赶紧见了，心无挂碍。

生命最后一天：找几个老友，大喝一顿，一杯接着一杯，一杯接着一杯，这时，谁也甭劝。

38 彭教授，男，78 岁，外科医生。

生命最后一年：过好每一天，这样就不会留下遗憾。只要可以，每天还是走进手术室，拿起手术刀，治病救人。能够治病救人，是一个医生最大的幸福。

生命最后一天：（最后一天）由不由得你去想，由不由得你去做，还是一回事。当生命要结束的时候，瞬间就结束了，没有了心跳，没有了呼吸，没有了意识。一切都结束了。

39 韦姐，女，58 岁，中学教师。

生命最后一年：好好教书，真诚地和孩子们沟通交流，除了教要考试的内容，还要把自己知道的人生真相告诉孩子们。

生命最后一天：翻看曾经教过的学生的相册，想想这一辈子教过那么多的学生，也可以瞑目了。

40 海阔天空，男，48 岁，自由职业者。

生命最后一年：总以为人生很长，没想到很快就要结束了。我会变卖掉多余的房子，变卖掉家里一切多余的东西。随心所欲，过自己想过的生活。

生命最后一天：看电影吧，一部接着一部看，这样就不会害怕，沉浸在别人的故事中，不知不觉安静地离去。

40 位朋友给出了他们的答案，你的答案呢？

后　记

这本书历时三年，终于完成了。一年采写，一年修改，一年等待，其间夹杂着各种琐事，断断续续。完成的过程可以说就是一次追寻答案之旅。

一度，我以为我已寻找到了答案。一度，我以为我已证得了人生之三昧。

直到有一天，在一家商业广场门口的斑马线上，我被一辆疾驰而来的小汽车撞倒在地。

在身体大致康复后，好几次我都试图问自己，就像之前问那 30 多个采访对象那样问自己：被撞倒那一刹那以及苏醒过来时的感觉，躺在救护车里被送往医院时的感觉，穿着防护服做 CT 检查时的感觉……可是，我发现自己有意无意地都在回避。其中当事人的“我”，根本不愿搭理另一个提问的“我”。

人生中的有些况味，有时用语言是很难表述的。很多时候我们以为已知道了答案，很可能只是因为自己经历太少；很多时候我们以为已证得了人生三昧，很可能只是因为自己认知太浅。

走在路上，不断经历，心里的答案便会不断修正。追寻答案之路不会停止。只要我们还活在焦虑当中，只要还有痛苦，还有挣扎，还有愤怒，还有狭隘，还有虚度，只要我们犹存迷惘、不确定。

或许，根本就没有所谓的最终答案，追寻本身就是答案。

终归要说谢谢。这一本书得以完成，要感谢的朋友很多，首先要感谢的，是那些愿意接受我的访谈，愿意撕开自己已经愈合的伤口，愿意朝我打开心扉的朋友，当然，也包括附录里回答了“生命倒计时”问题的朋友。其次要感谢的，就是帮助我一一找到那些有着特殊经历的受访对象的朋友们，这当中有医疗机构的朋友们，广西医科大学第一附属医院：大外科主任、肝胆外科主任彭涛教授，肿瘤内科主任钟进才主任医师，器官移植科董昆副主任医师；广西医学科学院、广西壮族自治区人民医院：纪委副书记、纪检监察室主任欧阳作宪，总务科科长谭德军（原任宣传科科长），神经外科主任蓝胜勇主任医师，心血管内科黄宗艳副主任医师；广西中医药大学第一附属医院的陆主任；广西医科大学附属肿瘤医院呼吸肿瘤内科主任于起涛教授；桂小儿中医诊所柏彩宝副主任医师。这当中还有我的一些同事（包括前同事）及朋友：黄海华、黄翠巧、廖秀芬、叶宇莉、苏喜琳等。正是有了他们的热心帮助，我才得以完成这一系列的访谈。此外，在这本书的完成过程中，我的老师——广西音乐家协会常务副主席、广西散文学会会长何述强，漓江出版社的领导和编辑老师，报社同事陈纸，都给予了非常宝贵的意见，在此郑重向他们表示感谢。

需要说明的是，这本书的部分篇章，曾经在《南宁晚报》以整版“生命感悟”专栏的形式刊发过。对此，我要感谢《南宁晚报》总编辑黄朝伟对我及这些篇章的厚爱，同时，也要感谢专栏责编王小欢之前为此所做的一切努力。

2021 年 10 月 19 日